Landscape Architecture

园林设计

CAD+SketchUp 教程

（第二版）

主　编　李彦雪　熊瑞萍
副主编　胡远东

中国水利水电出版社
www.waterpub.com.cn

内 容 提 要

本教材共分为 AutoCAD 和 SketchUp 两篇,根据园林(景观)设计等相关专业的共性与个性,综合运用该两个软件,结合编者多年教学经验、实践经验,并结合实际实例进行编写。并以第一版为依托进行了调整和升级,采用了最新的 AutoCAD 2014 版本,并对之前的疏漏之处进行了补充和更正,使得本教材更加完善。

教材以易学习为出发点,详尽介绍了辅助园林景观设计软件的基本功能、使用方法和绘图技巧,内容由浅入深、由局部到整体,结合快捷命令,逐步讲解,简单实用,实用性强,叙述通俗易懂。经过系统的训练可让读者快速掌握 AutoCAD 基础制图到 SketchUp 建模的基本技巧,结合典型实例讲解园林平面图及小型建筑模型案例的绘制方法与步骤,供读者练习参考方便初学者迅速掌握软件的基本操作。

本教材按照实际教学模式编写,基础部分章节后都有相应上机练习内容,学生可通过练习将所学内容融会贯通,每章从讲课到练习约 4 教学课时。各章内容实用性强,重在实践,适用于48 ~ 64 学时教学。本书配套相关教学辅助材料可在 http://www.waterpub.com.cn/softdown 查阅下载。

本教材可以作为园林景观或风景园林专业从业人员自学用书,或作为该专业在校师生的教材用书,也可为相关设计爱好者自学使用。

图书在版编目(CIP)数据

园林设计CAD+SketchUp教程 / 李彦雪,熊瑞萍主编
. -- 2版. -- 北京 : 中国水利水电出版社,2015.6(2021.9重印)
普通高等教育园林景观类"十三五"规划教材
ISBN 978-7-5170-3323-3

Ⅰ. ①园… Ⅱ. ①李… ②熊… Ⅲ. ①园林设计-计算机辅助设计-应用软件-高等学校-教材 Ⅳ.
①TU986.2-39

中国版本图书馆CIP数据核字(2015)第136692号

书　　名	普通高等教育园林景观类"十三五"规划教材 **园林设计 CAD+SketchUp 教程(第二版)**
作　　者	李彦雪　熊瑞萍　主编　胡远东　副主编
出版发行	中国水利水电出版社 (北京市海淀区玉渊潭南路1号D座　100038) 网址:www.waterpub.com.cn E-mail:sales@waterpub.com.cn 电话:(010)68367658(发行部)
经　　售	北京科水图书销售中心(零售) 电话:(010)88383994、63202643、68545874 全国各地新华书店和相关出版物销售网点
排　　版	中国水利水电出版社微机排版中心
印　　刷	天津嘉恒印务有限公司
规　　格	210mm×285mm　16开本　15.5印张　456千字
版　　次	2013年2月第1版　　2014年8月第3次印刷 2015年6月第2版　　2021年9月第5次印刷
印　　数	11001—13000 册
定　　价	49.00 元

凡购买我社图书,如有缺页、倒页、脱页的,本社发行部负责调换

第二版前言
Second Edition Preface

随着园林（景观）设计行业的空前快速发展，计算机辅助园林设计的相关软件也逐步升级并受到设计者的青睐。AutoCAD 和 SketchUp 是园林（景观）设计中重要的计算机辅助设计手段。

AutoCAD 是美国 Auto desk 公司的通用计算机辅助设计软件，CAD 即 Computer Aided Design 简称。美国 Auto desk 公司是全球最大的软件公司之一，也是世界领先的设计资源与数字化内容创作资源的供应服务商，研发的 AutoCAD 软件逐步升级，多年来以其更加方便快捷的操作方式，更加强大的编辑修改功能和稳定的操作性备受园林或景观设计者的青睐。

SketchUp 是美国 @Last Software 公司推出的一款建筑草图设计软件，它给设计师带来边思考边表现的体验，更便于设计师与甲方进行方案的沟通与交流，SketchUp 软件以其快捷、易上手、易操作和表现直观而迅速普及，受到相关专业从业人员的广泛使用与好评。

本教材在第一版的基础上进行了提高与升级，AutoCAD 2012 升级为 AutoCAD 2014，部分命令也随之更新。SketchUp 软件考虑到版本使用比较普及且成熟，因此本教材中该软件暂时不做升级。

本教材共分为 AutoCAD 和 SketchUp 两篇，根据园林（景观）设计等相关专业的共性与个性，综合运用该两个软件编写，编者结合多年教学经验、实践经验，并结合实际案例，以易学习为出发点，详尽介绍了辅助园林景观设计软件的基本功能、使用方法和绘图技巧。内容由浅入深、由局部到整体，结合快捷命令，逐步讲解，简单实用，实用性强，叙述通俗易懂。读者经过系统的训练可快速掌握 AutoCAD 基础制图到 SketchUp 建模的基本技巧，结合典型实例讲解园林平面图及小型建筑模型案例的绘制方法与步骤，供读者练习参考，方便初学者迅速掌握软件的基本操作。

本教材按照实际教学模式编写，基础部分章节后都有相应上机练习内容，学生可通过练习将所学内容融会贯通，每章从讲课到练习约 4 教学课时。各章内容实用性强，重在实践，适用于 48 ~ 64 学时教学。可以作为园林或风景园林专业从业人员自学或该专业在校学生的指导用书，也可针对零基础相关设计爱好者自学使用。

本教材由李彦雪、熊瑞萍和胡远东主持编写，参加编写工作的作者具体分工为李彦雪（第 1 章）、孙丽（第 2 章）、胡方懿（第 3 章）、李彦雪（第 4 ~ 9 章）、胡远东（第 10 ~ 11 章）、熊瑞萍（第 12 ~ 14 章，附录）。感谢张俊玲老师的鼎力支持，此外周月、包旅达、高众贺、王乐乐、石洪景、孙超、白家聿、程漠淏、焦禹、李雪、朱舒、何文元、李荣荣和温健等在本教材的编写中给予编者很大帮助，在此向他们表示诚挚的感谢。

由于编者水平有限，书中错误在所难免，恳请广大读者批评指正，并提出宝贵意见，以便及时改正。

本教材配套相关教学辅助材料可在 http://www.waterpub.com.cn/softdown 查阅下载。

编者

2015 年 4 月

目录
Contents

第2篇 SketchUp 绘制三维模型

第1篇 | 园林设计CAD

第1章 认识 AutoCAD 2014

第1章内容首先简要介绍 AutoCAD 2014 的相关内容，主要包括该软件在各行业的广泛应用，特别是园林设计专业；详尽介绍了景观设计中图纸的内容、图纸要求以及 AutoCAD 2014 安装及启动、工作界面结构、文档的管理和基本操作；作为绘图命令的基本工具线段单独讲解，为后面绘图命令的熟练应用奠定基础。

1.1 概述

计算机辅助园林设计全称 Automatic Computer Aided Landscape Architecture Design，主要应用软件为 AutoCAD。美国著名的 Autodesk 公司从 1982 年 12 月开始推出计算机辅助设计与绘图软件 AutoCAD，第一版 AutoCADR1.0 经历了多次的更新改版，2014 版本已经被广泛使用，故本教材以 2014 版本为主，讲述用 AutoCAD 绘制园林相关图纸的知识与技巧。

1.1.1 AutoCAD 2014 在园林设计中的应用

AutoCAD 经过多年的完善，目前已经成为各行业使用频率最高的软件之一，如机械制造、室内设计、建筑设计、广告制作、服装设计和土木及电子等行业，跨多学科、多专业。近些年来园林设计、风景园林设计和城市规划等专业也逐渐广泛应用起来，并取得了很好的实践效果。

AutoCAD 作为专业设计的辅助工具，可以便捷地绘制出园林平面图（见图 1-1-1）、立面图和剖面图，并准确地绘制出施工图，还可以与其他绘图软件如 SketchUp、3ds Max、Photoshop 等自如地相互转换，绘制立面效果图、平面效果图、透视图和鸟瞰图（见图 1-1-2）等，使绘制的图纸效果更加完美。

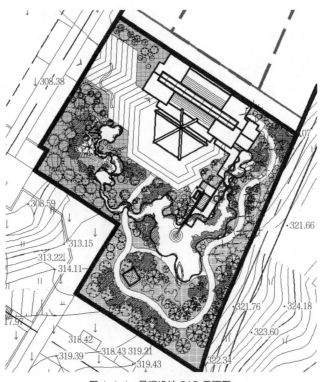

图 1-1-1 景观设计 CAD 平面图

图 1-1-2　景观设计鸟瞰图

AutoCAD 软件用于园林设计、风景园林设计和城市规划等专业，重要的原因是利用计算机软件系统进行辅助制图设计，具有很明显的优势，比如绘图精度高、制图速度快、出图质量高、与手绘相比更便于资料的组织存储及调用、便于图纸的修改，同时也便于设计方案的交流，经济性价值也比较高等。从其优越性看，很快在我国各行业的设计单位内迅速普及是必然的。

AutoCAD 2014 拥有更强大、更方便的绘图能力。AutoCAD 作为园林设计等专业的辅助设计工具，越来越发挥其强大的功能与作用，甚至被很多人形容为"针管笔"，已经成为方案的设计与表达过程中不可缺少的一种手段，受到方案设计者的广泛青睐。

1.1.2　园林设计中图纸的内容及基本要求

园林 CAD 制图是风景园林设计与园林设计的基本语言，它建立在园林基本的制图的规范的基础上，一般在各大专院校开设"园林设计初步"课程，主要是学习园林设计基本的制图规范与表现技法，要求设计者首先要掌握园林设计制图的基本规范，即首先掌握园林图纸的内容以及各种图纸在绘制的过程中的基本要求，是每个初学者必须掌握的基本技能，然后在此基础上掌握 AutoCAD 基本制图命令的使用方法，使 AutoCAD 成为园林辅助设计的基本方法。

1.园林图纸的内容

广义的说园林设计的图纸包含了表达设计的平面图、立面图、剖面图、透视图和鸟瞰图，描述细部布置、结构造型的施工图和节点等。园林设计过程分多个阶段，从任务书阶段，经过基地调查和分析阶段、方案设计阶段、详细设计阶段、施工图阶段到工程竣工阶段，图纸内容是不断深化的。

在园林方案设计阶段的图纸要求能够表达设计者的设计意图、景观结构等内容，以便甲方与设计师的沟通与调整。图中包含了 AutoCAD 的大量图形对象，包括最基本的二维图形、填充元素、文字说明和标注等内容。

2.图纸的基本要求

（1）图幅与图框。图幅是指图纸本身的大小规格。园林制图中采用国际通用的 A 系列幅面规格的图纸。A0 幅面的图纸称为 0 号图纸（A0），A1 幅面的图纸称为 I 号图纸（A1），依此类推（见图 1-1-3），常用的图纸尺寸如表 1-1-1 所列。

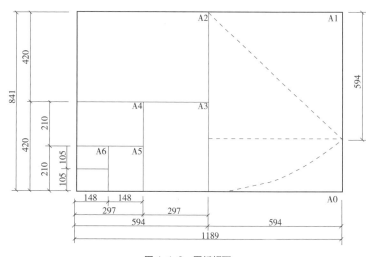

图 1-1-3　图纸幅面

表 1-1-1 常用图纸尺寸

	A0	A1	A2	A3	A4	A5
$B \times L$	841×1189	594×841	420×594	297×420	210×297	148×210
a	25					
c	10			5		

以短边作垂直边的图纸称为横幅，以短边作为水平边的图纸称为竖幅。一般 A0 ~ A3 图纸宜为横幅（见图 1-1-4），但有时由于图纸布局的需要也可以采用竖幅（见图 1-1-5）。在图纸中还需要根据图幅大小确定图框，图框是指在图纸上绘图范围的界限。

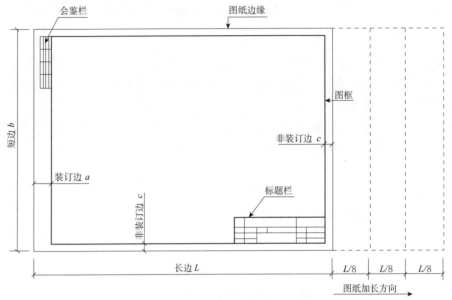

图 1-1-4　横幅面图纸

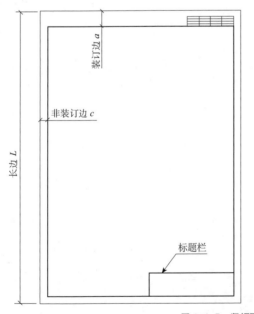

图 1-1-5　竖幅面图纸

只有横幅图纸可以加长，而且只能长边加长，短边不可以加长，按照国标规定每次加长的长度是标准图纸边长度的 1/8（见图 1-1-4）。一个工程设计中，每个专业所使用的图纸，一般不宜多于两种幅面（不含目录及表格所采用的 A4 幅面）。

（2）标题栏和会签栏。标题栏又称图标，用来简单说明图纸内容。位于图纸的右下角，尺寸为180mm×30mm，180mm×40mm，180mm×50mm，通常将图纸的右下角外翻，使标题栏显现出来，便于查找图纸。标题栏主要介绍图纸相关的信息，如：设计单位、工程项目、设计人员以及图名、图号、比例等内容。标题栏根据设计需要确定其尺寸、格式及分区，制图标准形式不同。本书中根据教学的需要，设立课程作业专用标题栏模板形式（见图1-1-6），仅供参考。

图 1-1-6　学习期间标题栏模板

会签栏位于图纸的左上角，尺寸为75mm×20mm，包括项目主要负责人的专业、姓名、日期等（见图1-1-7）。

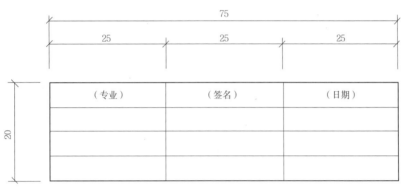

图 1-1-7　会签栏

1.1.3 AutoCAD 2014 的安装、启动和注册方法

1. AutoCAD 2014 安装

（1）打开解压好的 AutoCAD 2014 安装文件包，并运行"setup"文件 开始安装程序（见图1-1-8）。

图 1-1-8　安装文件夹

（2）进入到程序安装界面（见图1-1-9）单击【安装】按钮开始进行安装，默认为在此计算机上安装，弹出如图1-1-10所示界面。

（3）选择【我接受】，单击【下一步】按钮，进入如图1-1-11所示界面。

（4）在【许可类型】中选择【单击】，在【产品信息】中选择【我有我的产品信息】，输入序列号：666-69696969，产品密钥：001F1，单击【下一步】，进入如图1-1-12所示界面。在该界面中可以对所要安装的程序和安装路径进行设置，建议选择 AutoCAD 2014，安装路径为默认路径。注意安装时安装路径中不能有中文文件夹，否则会安装失败。

图 1-1-9　安装程序界面

图 1-1-10　许可服务协议

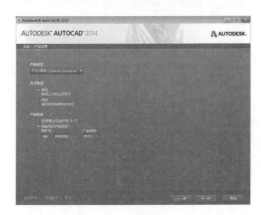

图 1-1-11　产品信息

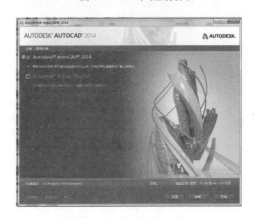

图 1-1-12　配置安装

（5）单击【安装】按钮进入如图 1-1-13 所示界面并等待，直至安装结束。

（6）安装完成后弹出界面（见图 1-1-14），单击完成。

图 1-1-13　安装进度

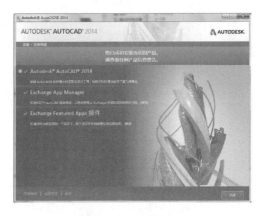

图 1-1-14　安装完成

2. AutoCAD 2014 启动方法

AutoCAD 2014 启动方法有以下三种。

（1）双击桌面的快捷图标（见图 1-1-15）。

（2）在桌面的快捷方式图标上，单击右键，选择【开始】命令。

（3）单击【开始】【所有程序】【Autodesk】→【AutoCAD 2014- Simplified Chinese】。

3. AutoCAD 2014 注册方法

（1）断开网络连接后，启动 AutoCAD 2014，进入激活许可界面（见图 1-1-

图 1-1-15　桌面快捷图标

16），勾选同意。

（2）选择【我同意】，弹出许可对话框，单击【激活】按钮，如图 1-1-17 所示界面。

（3）选择【申请号】后面的字母及数字内容，复制（Ctrl+C），选择【我具有 Autodesk 提供的激活码】选项（见图 1-1-18）。

图 1-1-16　激活界面

图 1-1-17　许可验证

图 1-1-18　激活选项输入

（4）打开注册机文件夹内【Ken Gen-32bit】（注意：如果机器为 64 位系统，将选择【Ken Gen-64bit】，根据个人及其配置选择相关文件），出现如图 1-1-19 所示对话框，将刚复制的申请号使用快捷键 Ctrl+V 粘贴在【Request】一栏内。

（5）单击【Patch】按钮，出现如图 1-1-20 所示对话框，表示配置成功，然后单击【确定】按钮。

（6）再单击【Generate】，即可生成【Activaton】栏内的激活码，如图 1-1-21 所示。

图 1-1-19　产品注册机

图 1-1-20　配置成功

图 1-1-21　生成激活码

（7）复制【Activaton】栏内产生的激活码，并粘贴回如图 1-1-22 所示的【激活码】一栏内。

（8）单击下一步，出现如图 1-1-23 所示界面。单击【完成】一栏内按钮，完成注册。

图 1-1-22　粘贴激活码

图 1-1-23　激活完成

（9）进入到 AutoCAD 2014 的工作界面，如图 1-1-24 所示。

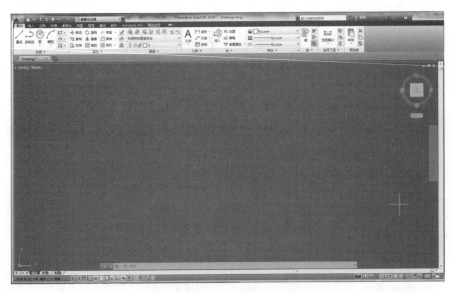

图 1-1-24　AutoCAD 2014 工作界面

1.2　AutoCAD 2014 内容详解

1.2.1　切换 AutoCAD 2014 工作空间

启动 AutoCAD 2014 后，打开其工作界面并自动新建 Drawing1.dwg 图形文件。AutoCAD 2014 为用户提供

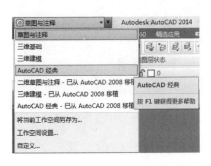

图 1-2-1　切换工作空间

了"草图与注释""三维基础""三维建模"和"Auto CAD 经典"等多种工作空间（见图 1-2-1）。其中"草图与注释"是系统默认的工作空间，命令按钮更加的直观，更加便捷。"三维基础"和"三维建模"空间增加了许多用于三维操作的按钮；而"Auto CAD 经典"空间与传统界面更为相似，是专门为习惯用传统界面的用户而设置的，笔者建议采用比较传统的"Auto CAD 经典"工作空间。

切换空间较方便的操作方法是选择界面左上角或右下角倒数第五项的【切换空间选项】处的【草图与注释】，选择"Auto CAD 经典"，可以进入到 AutoCAD 2014 的常用用户界面（见图 1-2-2）。

图 1-2-2　AutoCAD 2014 经典模式界面

1.2.2　AutoCAD 2014 工作界面

为方便新老用户正常使用 AutoCAD 2014，本书以下内容主要使用"AutoCAD 经典"工作空间进行介绍。AutoCAD 2014 的工作界面包括标题栏、菜单栏、工具栏、绘图区、命令行窗口、状态栏、快捷菜单和工具选项板。

1. 标题栏

绘图窗口最上端是标题栏，显示的是 AutoCAD 2014 的图标和软件名称、版本号、操作文件名称（见图 1-2-3）。标题栏中在文本框位置输入需要查阅的问题，然后单击【搜索】■按钮，可获得相关帮助；标题栏右侧为最小化、还原和关闭按钮■■■■。

图 1-2-3　AutoCAD 2014 界面标题栏

2. 菜单栏

如同去饭店用餐时所用的菜单，菜单栏按功能分类，几乎包括了软件中全部的功能和命令。菜单栏包含 12 个主菜单（见图 1-2-4），在每个主菜单中又包含了多个次级菜单，可以通过单击菜单选项打开和执行相应命令。

图 1-2-4　AutoCAD 2014 界面菜单栏

菜单栏命令也可以通过 Alt 键 + 菜单栏中带括号和下划线的字母，打开和执行菜单选项。比如执行关闭命令，可以通过 Alt 键 +W 键 +L 键，进行全部关闭操作（见图 1-2-5）。

3. 工具栏

工具栏是部分下拉菜单命令的简便工具，可以更方便地完成大部分操作。光标移动至某个图标后停留片刻，可以出现该命令的名称、英文单词及基本功能。

AutoCAD 工具栏是按不同功能分类组合的，包含了大量绘图及编辑工具，为了方便操作及显示，在默认状态下界面只显示绘图和修改等工具栏，如果要调用其他工具栏，可以在任意工具栏上右击，在弹出的快捷菜单中相应选择内容（见图 1-2-6）。

图 1-2-5　通过菜单执行快捷操作

图 1-2-6　AutoCAD 2014 常用工具条

快捷菜单中勾选的选项表示已经显示在界面。如【标注】被勾选，即表示标注工具条已被快速的放置到界面上（见图1-2-7）。

图1-2-7 标注工具条的显示调整

常用的工具条包括标准工具栏、绘图、修改、标注、图层和特性等内容（见图1-2-8），可以根据需要将该工具条排列在视图周围，这样将更加的节省桌面空间。一般常用工具条放置方法是将【绘图】和【修改】工具条放在视图左侧，【标注】工具条放置在视图右侧，【图层】和【特性】工具条放在下拉菜单栏的下方可很方便的应用（见图1-2-9）。

图1-2-8 部分常用工具条

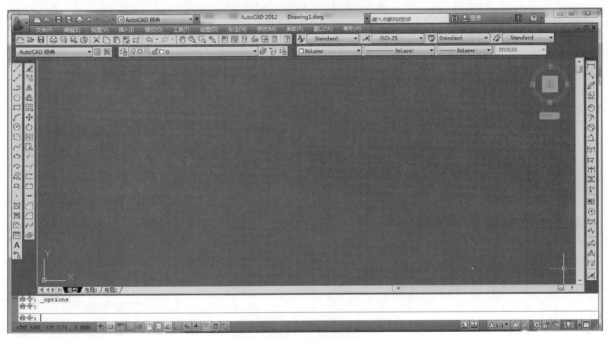

图1-2-9 常用工具条的界面布局

4. 绘图区

绘图区是AutoCAD 2014界面中间较大空白区域，是绘图的主要区域，也称为绘图窗口。该区域实际尺寸无限大，可以通过缩放或平移工具进行视图控制。通过Ctrl键+0可以全屏显示。为了方便的绘图，在该区域内可以进行以下操作：

（1）背景颜色的调整。

选择【工具】→【选项】命令，弹出【选项】对话框（见图1-2-10），【显示】选项板中单击【颜色】，弹出【图形窗口颜色】对话框（见图1-2-11），然后选择右侧【颜色】处下拉符号，选择任意一种颜色。建议选择白色或黑色效果最佳，也可以适当选用浅灰色。

如果要调整其他更多种颜色，可以在【图形窗口颜色】对话框中选择右侧【颜色】下的下拉三角号，选择最后一项【选择颜色】，可以出现如图1-2-12所示的【选择颜色】对话框，可以进行选择的有【索引颜色】【真彩色】和【配色系统】三项，这样可以选择更加丰富的色彩效果。单击【确定】按钮，继续单击【应用并关闭】按钮，再单击【确定】按钮，可将屏幕颜色修改完成。

图 1-2-10 【选项】对话框　　　　　　图 1-2-11 【图形窗口颜色】对话框

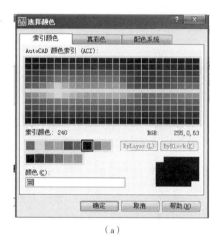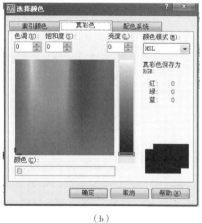

（a）　　　　　　　（b）　　　　　　　（c）

图 1-2-12 【选择颜色】对话框

（a）索引颜色；（b）真彩色；（c）配色系统

（2）十字光标。

随鼠标移动的是十字光标，用来帮助定位点，确保绘图的精确度，其交叉点的坐标值会显示在状态栏当中。

十字光标大小的调整方法是选择【工具】→【选项】命令，在【选项】对话框中选择如图 1-2-13【十字光标大小】项所示，将数值 5 进行调整，或拉动右侧的滑竿根据数值调整其大小。当十字光标大小数值默认为 5，设置为 50 时，十字光标大小将是整个绘图区域的 50%，100 时将充满整个绘图区域。在设计过程中一般将数值设置为 100，在应用时会很方便。

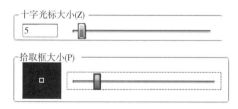

图 1-2-13　十字光标调整

十字光标颜色的调整方法是选择【工具】→【选项】命令，在【显示】选项栏中单击"颜色"图标，【图形窗口颜色】→【界面元素】栏内选择十字光标选项，并选择右侧【颜色】处下拉符号，选择任意一种颜色。

拾取框大小的调整。拾取框即十字光标交叉处的方框，其大小样式关系到拾取物体的准确性。调整方法为选择【工具】→【选项】命令，在【选择集】选项板内拾取框大小处移动滑竿即可调整大小，有效值为 0 ~ 20，默认值为 3。

（3）UCS 用户坐标系。

绘图区左下角是 UCS 用户坐标（见图 1-2-14），UCS 用户坐标系是用来参考当前的坐标系及坐标方向，不同的样式可以表示不同的视图空间和视点，当在绘制平面图时，可以将坐标位置锁定或隐藏，方法如下。

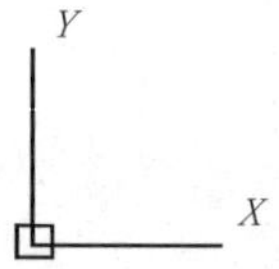

图 1-2-14 UCS 用户坐标
● 锁定 UCS 图标。选择【视图】→【显示】，选择【UCS 图标】，单击【原点】，将勾选取消锁定 UCS 用户坐标系。

● 隐藏 UCS 图标。选择【视图】→【显示】，选择【UCS 图标】，单击【开】，将勾选取消即可隐藏 UCS 用户坐标系，反之可以调出坐标。

（4）滚动条。

绘图区的右侧和下方是滑块和滚动条，通过移动他们的位置，可以显示视图各区域的图形，一般初学者可以应用，待到操作熟练时可以直接通过鼠标滚轮进行操作。

5. 命令行窗口

命令行位于绘图区域的下方，用于命令的输入及信息的提示，是用户与 AutoCAD 互相交流的窗口，其显示或隐藏的快捷键为 Ctrl 键 +9。在【命令】的提示下，AutoCAD 接受用户输入的命令。

命令行可以进行调整，方法是将光标放在命令行上方边框处，当光标变为双箭头后，按住左键向上拖动可扩大命令行范围。建议保留三行最适宜（见图 1-2-15）。按下键盘上的【F2】，也可开关对应的文本窗口，查看用文字来记录绘图过程的每一步骤。

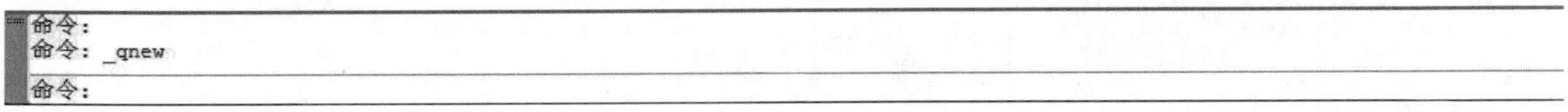

图 1-2-15 命令行窗口

6. 状态栏

状态栏位于命令行下方，也称作状态行（见图 1-2-16）。状态栏左侧显示坐标值的相关信息，随着光标的移动，坐标信息会相应改变。绘图辅助工具的绘图状态相应显示，如栅格显示、正交模式（快捷键为【F8】）、线宽显示等，通过单击可以启动或关闭，也可以在相应按钮上右击，通过激活的快捷菜单来控制。

图 1-2-16 状态栏窗口

状态栏右侧为快速查看、注释和工作空间工具。快速查看工具可预览打开的图形，并能打开图形的模型空间与布局，并使其切换，图形将以缩略图形式显示。注释工具用于显示缩放注释的部分工具。工作空间工具可切换工作空间及进行自定义设置。□按钮为全屏显示，快捷键为 Ctrl 键 +0。

7. 快捷菜单

在 AutoCAD 软件当中，可以通过在绘图区域空白处右击，调整出快捷菜单图 1-2-17（a）样式；选中某物体后右击，显示快捷菜单图 1-2-17（b）样式；如果按住 Shift 键或 Ctrl 键，右击还将会弹出图 1-2-17（c）对象捕捉快捷菜单，可根据需要进行相应选择使用。

8. 工具选项板

执行【工具】→【选项板】→【工具选项板】，或按快捷键 Ctrl 键 +3 可以显示或隐藏操作。

工具选项板提供了常用组件、图块及填充图案等绘制图形的快捷方式（见图 1-2-18），其中包括"建模""注释""建筑""电力""土木"和"结构"等二十多种选项卡，其中的快捷方式多为常用绘图工具，单击各标签可以切换相应的选项卡。

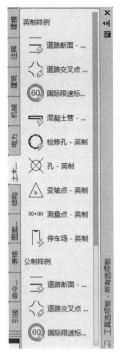

图 1-2-17 快捷菜单

（a）菜单样式 1；（b）菜单样式 2；（c）临时捕捉菜单

图 1-2-18 工具选项板

1.2.3 AutoCAD 2014 文件的管理

1. 新建文件

启动 AutoCAD 2014 后，会自动新建"Drawing1.dwg"默认图形文件，即可以开始新图的绘制。当需要继续增加文件时，新建文件的方法主要有以下方式。

● 下拉菜单：选取【文件】→【新建】。

● 快捷键：Ctrl+N。

● 工具栏：单击新建 按钮。

执行上述命令后弹出【选择样板】对话框，点击文件类型下拉列表，可以从【图形样板（.dwt）】【图形（*.dwg）】或【标准（*.dws）】三种类型中选取一种类型，建议选取默认的【图形样板（.dwt）】，文件列表中选择 acadiso 文件（见图 1-2-19），按下【打开】按钮可创建新的图形，形成 acadiso.dwt 样板，可以应用该样板的属性进行绘图。

也可选择无样板打开文件进行文件的新建，方法是在【打开】右侧的三角按钮，可进行无样板（米制和公制）打开，我国采用的都是公制单位，所以选择【无样板打开 – 公制（M）】（见图 1-2-20）也可建立新的绘图文件。

图 1-2-19 【选择样板】对话框

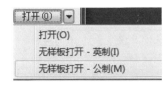

图 1-2-20 无样板选择

2. 保存图形文件

在绘图过程当中，要养成随时保存文件的习惯，以免因停电、死机等意外情况导致文件意外丢失，在 AutoCAD 2014 中可以采用如下方法。

- 下拉菜单：选取【文件】→【保存】。
- 快捷键：Ctrl+S。
- 工具栏：单击保存■按钮。

如果是新创建的文件，在进行第一次保存时，系统会出现【图形另存为】对话框（见图 1-2-21），可根据提示保存到相应盘内，输入自定的文件名称，如"平面图 01"，文件类型为"dwg"格式。

如果编辑的是已经保存过的文件，在点击保存后，系统将不做任何提示，直接覆盖原来文件。如果想保留原来文件，可以采用另存的方法。

注意：AutoCAD 专用文件格式为 DWG 格式，DWT 格式为样板文件格式，DXF 格式为通用的数据交换文件格式，BAK 格式为备份文件格式。

3. 另存图形文件

在 AutoCAD 2014 中另存的方法如下。

- 下拉菜单：选取【文件】→【另存为】→【AutoCAD 图形】。
- 快捷键：Ctrl+Shift+S。

输入命令之后，AutoCAD 2014 会弹出【图形另存为】对话框如图 1-2-21 所示，然后重新制定保存路径及文件名，单击【保存】按钮完成操作。

注意：AutoCAD 低版本不能直接打开高版本文件，比如应用的是 AutoCAD 2014 版本，在 AutoCAD2012、AutoCAD2011 等更低版本当中是不能打开的。解决的办法是（见图 1-2-22），保存时将文件类型改成低版本，如选择"AutoCAD2000（*dwg）"文件类型，在 AutoCAD2000 以上的所有版本当中都可以将文件打开。

图 1-2-21　保存文件对话框

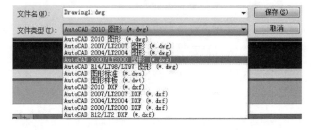

图 1-2-22　保存文件对话框

4. 打开文件

在 AutoCAD 2014 中打开文件的方法如下。

- 下拉菜单：选取【文件】→【打开】。
- 快捷键：Ctrl+O。
- 工具栏：单击打开■按钮。

弹出【选择文件】对话框，单击所要打开文件的路径，找到 .dwg 文件（见图 1-2-23），单击【打开】按钮。

5. 关闭文件

当完成绘制以后可以关闭所有制图文件，在 AutoCAD 2014 中常有如下几种关闭文件的方法。

- 下拉菜单：选取【文件】→【关闭】。

● 快捷键：Alt+W+O。

● 工具栏：单击标题栏右侧关闭 ⊠ 按钮。

执行命令后，就可以退出 AutoCAD 2014。

如果在应用时，没有对文件进行最后一次保存，则系统会出现【AutoCAD】对话框（见图 1-2-24），提示用户是否对当前文件做最后一次保存。

图 1-2-23　打开文件对话框

图 1-2-24　关闭样式提示框

● 单击【是】按钮，可以保存当前图形文件并将其关闭。

● 单击【否】按钮，关闭当前图形文件但不保存。

● 单击【取消】按钮，将取消关闭当前图形操作，既不保存也不关闭图形文件。

6. 多文档操作

在 AutoCAD 中具有多个文档操作特性，可同时打开多个图形文件，方法如下。

● 下拉菜单：选取【窗口】，下拉菜单展开的底部文件为打开的所有文件（见图 1-2-25）。文件前面被勾选项是当前绘图区中显示的文件，也可将其他文件勾选，进行多个文件的切换。

● 快捷键：Ctrl+Tab，可快速的切换 AutoCAD 中的多个文档。

注意：快捷键 Alt+Tab 可进行 AutoCAD 与其他软件的快速切换。

图 1-2-25　多个文件提示框

1.2.4　AutoCAD 2014 视图控制命令

1. 缩放视图

在绘图过程中，受屏幕大小的限制，经常出现部分图纸内容需要放大或缩小的情况，则可以通过视图调整工具来调整显示大小，常用的方式包括以下几种。

● 下拉菜单：选取【视图】→【缩放】→相应缩放命令（见图 1-2-26）。

● 快捷：Z（Zoom）→【回车】。

● 工具栏：单击工具栏中的相应图标 🔍 🔍 🔍，其中 🔍 图标又包括下列一组扩展工具（见图 1-2-27）。

（1）工具栏显示三种方法：

● 实时缩放 🔍。快捷方式为 Z【回车】。

所谓"实时缩放"即图形随光标的拖动而自动发生改变。选中图标后，光标将变成放大镜形状，通过向上或向下移动鼠标对视图进行缩放，图形对象将随光标的拖动而改变屏幕的大小。按【Esc】键或【回车】键可以退出命令。

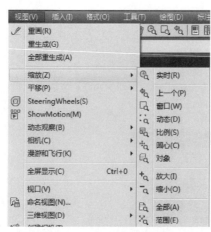

图 1-2-26　缩放工具下拉菜单　　　　　　图 1-2-27　扩展工具

● 窗口缩放 。快捷方式为 Z【回车】。

如果要查看特定区域内的物体，可以采用本方式，即通过在所要查看的物体边缘处拖动出一区域，当松开鼠标后，会将区域内的物体放大到整个绘图区内。绘图时建议经常采用本方法。

● 缩放上一个 。缩放显示上一个视图，最多可恢复此前的 10 个视图。

（2）扩展工具。显示了更多种缩放方法：动态、比例、中心点、对象，放大、缩小，全部和范围。

● 动态 ：进入到动态显示状态，视图周围出现两组虚线框，蓝色虚线框为模型空间界限，绿色虚线框为视图范围；拖动取景框到所需位置并单击，调整取景框大小后回车进行缩放，取景框内图形迅速放大到整个视图。

● 比例 ：根据输入的比例显示图形。

● 中心点 ：指定中心。

● 对象 ：按住鼠标左键选择某对象，右击确认，松开鼠标后会将该对象完全显示在整个屏幕内。

● 全部 ：在绘图窗口显示所有物体；快捷方式为 Z【回车】，命令行输入 A【回车】。

● 范围 ：缩放以显示图形范围并使所有图形最大化显示。

以上重点为实时缩放 、窗口缩放 和缩放上一个 三种方式，还可通过鼠标滚轮控制视图的大小，向上滚动为放大，向下滚动为缩小视图。

经过笔者多年绘图经验，建议可经常使用全部缩放一项，如绘图过程中，可能绘制大于当前视图的物体，将出现不能再缩小窗口的问题，这时可以采用本命令，建议使用快捷键方式 Z【回车】，A【回车】，即可以全屏显示。

2. 刷新视图

在进行缩放过程当中，会出现图形精度不够，表现为曲线或圆形物体带有棱角的多边形等现象，此时可以采用重生成命令，对图像进行重新生成操作解决上述问题（见图 1-2-28）。

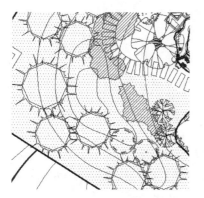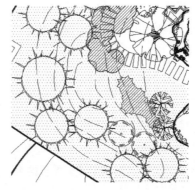

图 1-2-28　乔木及地形线条显示前后比较

（1）选择【视图】菜单，选择【重生成】或【全部重生成】选项。

（2）快捷键：Rea→【回车】。

3. 平移视图

平移视图命令能够重新定位图形，改变视图在操作区域中的显示位置。在编辑物体时，如果当前视窗不能全部显示图形，可以进行适当平移。操作方法如下：

（1）工具条中的 按钮，通过按【Esc】键可以取消此命令。

（2）应用快捷键方式：按住鼠标滚轮并移动，可以快速临时切换到平移工具，松开鼠标又返回到原来的命令。

1.2.5 命令的启动与中断、重复、返回与取消返回

1. 命令的启动操作

AutoCAD 绘图时命令的启动方式有多种，为确保更准确快速的调用相关命令，提高工作效率，推荐三种常用方式：菜单、工具栏命令按钮及快捷命令的输入。下面以圆形命令为例说明启动命令的三种方式。

● 菜单：下拉菜单栏中选择【绘图】工具栏，选择圆的任意子命令可以以不同方式绘制圆形。

● 工具栏命令按钮：单击【绘图】工具栏的 图标（见图 1-2-29），启动圆形命令，在绘图区内单击任意一点，移动鼠标后单击第二点。

● 快捷命令：键盘上按 C 键→【回车】，在绘图区内单击任意点，移动鼠标后单击第二点。

图 1-2-29　绘图工具栏

2. 命令的中断操作

当命令在执行过程当中要中止，可以按【回车】、空格或键盘左上角的【Esc】，取消命令。

3. 命令的重复操作

快捷方式：按【回车】或空格键，也可右击，在弹出的快捷菜单中选择第一项"重复……"可以再次执行刚使用过的命令。

4. 命令的返回操作

● 快捷方式：输入 U →【回车】或使用 Ctrl 键 +Z。

● 菜单栏：选择【编辑】→【放弃】。

● 工具栏命令按钮：返回按钮 。

5. 命令的取消返回操作

● 快捷方式：Ctrl 键 +Y。

● 菜单栏：选择【编辑】→【重做】。

● 工具栏命令按钮：取消返回 。

该命令将刚刚返回的操作进行取消，在执行完返回命令后立即使用，能恢复上一步命令所返回的操作。

1.2.6 夹点编辑

单击图形对象时，在对象的关键点上会出现一些实心小方块，这些小方块称作夹点，它可以控制对象的位置及大小。

选中任意图形后，鼠标再次单击单个夹点，变成红色表示已经选中，通过改变光标位置可以对这些夹点进行移动，改变图形样式。如线段，改变其中一端的点则可以改变线段的长度。圆弧、曲线等都可以通过改变节点位置改变大小或样式（见图 1-2-30）。

1.2.7 物体选择的方法

在绘图过程中需要对已绘制图形进行选择操作，因此要结合不同的选择方式进行对象的选择并编辑。可通过点选、框选及菜单快速选择的方式进行

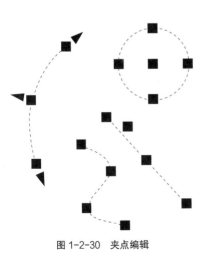

图 1-2-30　夹点编辑

选择并编辑。

1. 点选方式

点选方式即通过单击的方式选择图形。将十字光标的拾取框移动至要选择的物体上方，单击鼠标便可以选中对象。被选中的对象显示为虚线状态，并以夹点的形式显示，即蓝色小方框（见图1-2-31）。

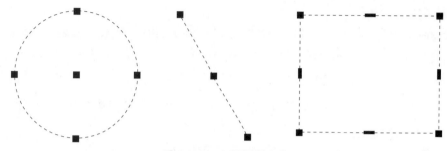

图 1-2-31 点选图形的方法

2. 选框方式

选框方式即通过鼠标拖动的方式，形成矩形选框选择图形的方式。分以下两种方式：

（1）左选框。鼠标从左至右拖动选框来选择图形。方法是在屏幕内确定第一点并单击，向右拉动选框，点击第二个角点完成对象的选择。

特点：左选框要求各图形全部包含在选框内。任意图形只有被全部包含在选框内的才会被选中，图形以虚线形态显示即被选中。

（2）右选框。鼠标从右至左拖动选框来选择图形。方法同样是屏幕内确定第一点并单击，向左拉动选框，单击第二个角点完成对象的选择。

特点：右选框要求与图形相交就可以选中。只要选框与要选择的图形相交就会被选中，图形同样以虚线形态显示。

3. 菜单快速选择

即根据过滤条件快速选择对象。建议打开光盘中"01-花镜dwg格式"文件，执行【工具】→【快速选择】，弹出【快速选择】对话框（见图1-2-32），可按照对象类型、特性提示信息分类。

（1）按照颜色选择图形。能够快速选择相同颜色的图形。在弹出的【快速选择】对话框中，【特性】默认按照颜色选择，只要点击过滤器的特性【值】，在【值】下拉菜单中选择相应颜色（见图1-2-33），完成按颜色选择图形。

图 1-2-32 快速选择对话框

图 1-2-33 过滤器特性值

（2）按照图层选择图形。能够快速选择同一图层的图形。在弹出的【快速选择】对话框中，【特性】→【图层】，单击过滤器的特性【值】，在【值】下拉菜单中选择相应图层，如"文字"层（见图1-2-34），单击【确定】

按钮，完成选择。在命令行处会显示被选择的图形数量（见图 1-2-35），同时该图层上所有被选择图形均以虚线样式显示。

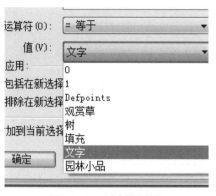

图 1-2-34　过滤器特性值

图 1-2-35　命令行显示选择信息

（3）按照图块选择图形。能够快速选择相同名称的图块。在弹出的【快速选择】对话框中，【对象类型】→【块参照】,【特性】→【名称】,【值】下拉菜单中选择相应图块名称，如"接骨木"，单击【确定】按钮，完成选择（见图 1-2-36）。

4. 增加或减少选择

通过键盘与鼠标的配合，更灵活的选择相关图形。

（1）增加选择。在已经选择的物体基础上，依次单击需要增加选择的图形，被选中的图形出现蓝色小方块表示已经选中（见图 1-2-37）。

（2）减少选择。按住 Shift 键，依次点击已被选择的图形，蓝色块消失便可完成减少选择操作。

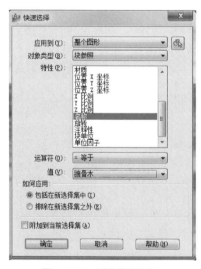

图 1-2-36　过滤器特性值

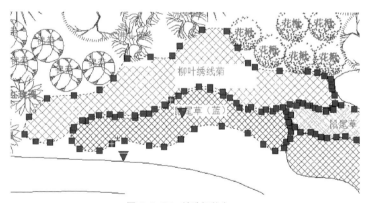

图 1-2-37　被选择状态

5. 全部选择

通过输入快捷键，将文件内所有图形一次性全部选择。以删除为例方法如下：

输入快捷键 E【回车】，再输入 ALL【回车】，所有图形呈虚线样式显示，表示被全部选择，执行【回车】命令，画面内所有图形会被选择并删除。

1.3　AutoCAD 2014 坐标的使用及应用

坐标系是确定物体位置最准确的手段，任何物体在空间中的位置都可以通过一个坐标系来定位，因此我们需要了解不同坐标系的特点，对于正确高效的绘图非常的重要。

1.3.1 理解坐标

1. 绝对直角坐标

直角坐标系根据在二维平面中距两个相交垂直坐标轴的距离来确定点的位置。每个点的距离是沿着 X，Y 和 Z 轴来测量的。轴之间的交点称为原点 $(X, Y, Z) = (0, 0, 0)$。

绝对坐标的输入方法是以坐标原点（0，0，0）为基点来定位其他所有点的。通过输入 (X, Y, Z) 坐标来确定点在坐标系中的位置。在 (X, Y, Z) 中，X 值表示此点在 X 轴方向上离原点的距离；Y 值表示此点在 Y 轴方向上离原点的距离；Z 值表示此点在 Z 轴方向上离原点的距离。

一般 Z 值为 0，是因为图在同一个平面上，输入数值时可以省略，如我们在绘制线段时，输入【L】→【回车】，输入坐标点（200，300），即可以得到位于坐标 XY 坐标轴 200，300 的点。

2. 相对直角坐标

相对坐标的输入方法以某点为参考点，然后输入相对位置来确定点的位置。与坐标系的原点无关，类似于将参考点作为输入点的一个偏移。

如："@100，300"表示输入了一点相对于前一点在 X 轴方向上向右移动 100 个绘图单位，在 Y 轴方向上向上移动 300 个绘图单位。我们在绘制线段时，输入【L】，绘制一条线段后，可以继续输入，如输入 @100，300 即可以得到位于相对于前一个点的向右 100，向上 300 的坐标点。

"@"字符表示当前为相对坐标输入，相当于输入一个相对坐标值"@0，0"。

3. 极坐标

@长度<角度（直线与 X 轴的夹角）

图 1-3-1 极坐标公式

极坐标指定点距固定点之间的距离和角度。在 AutoCAD 中，通过指定距离前一点的距离，指定从零角度、梯度或弧度开始测量的角度来确定极坐标值。距离与角度之间用小于号"<"分开，如指定相对于前一点距离为 100，角度为 60 度的点，输入 100<60 即可。

总之极坐标公式：@ 长度 < 角度（直线与 X 正轴的夹角），如图 1-3-1 所示，角度按逆时针方向递增，按顺时针方向递减。要向顺时针方向移动，应输入负的角度值，如输入 300<-90 等同于输入 300<270。

极坐标也可采用相对坐标方式输入，只需在距离前加上"@"符号即可。

1.3.2 坐标应用绘制二维基本图形线段

直线是所有图形的基础，在 AutoCAD 中直线对象包括线段、射线、构造线、多段线和多线等类型，今后的课程将逐一讲解。

线段是直线的所有类型当中最基础的类型，即两个坐标点之间的直线段。绘制线段的启动方法包括以下几种。

● 绘图工具栏：✏。

● 菜单：【绘图】→【直线】✏ 直线(L) 。

● 快捷键：L（LINE）→【回车】。

1. 任意长度单线

以绘制长度为 300 的线段为例，操作步骤如下：

（1）输入快捷命令 L →【回车】。

（2）命令行输入起点坐标或在绘图区域单击一点，如图 1-3-2 所示。

（3）输入第二点坐标或输入数值 300，按【回车】确定，如图 1-3-3 所示，再次按【回车】结束命令，绘制完成。

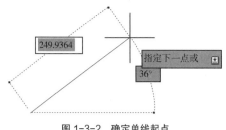 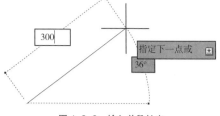

图 1-3-2　确定单线起点　　　　　　　图 1-3-3　输入单段长度

2. 任意多段折线

绘制多段折线操作步骤如下：

（1）输入快捷命令 L →【回车】，在绘图区单击任意一点确定起点位置。

（2）移动鼠标至任意方向，输入数值 300 →【回车】。

（3）移动鼠标至其他方向，输入数值 200 →【回车】，依次绘制可形成多段折线（见图 1-3-4）。连续的多段线段，每条线段呈独立对象，可单独编辑修改。

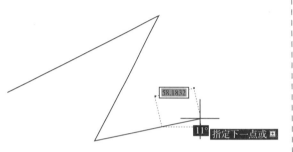

图 1-3-4　确定折线第二段长度

3. 水平和垂直线段

绘制水平和垂直线段操作步骤如下：

（1）输入快捷命令 L →【回车】；在绘图区域单击一点，点击 F8（正交开）键。

（2）将鼠标移动至左右或上下一任侧，输入任意数值，如 100（见图 1-3-5），按【回车】键确认。

（3）再次按【回车】，结束命令，水平线段绘制完成（见图 1-3-6）。

图 1-3-5　确定水平线长度　　　　　　　图 1-3-6　水平线绘制完成

4. 封闭的线

操作步骤如下：

（1）输入快捷命令 L →【回车】，在绘图区内单击一点。移动鼠标至右侧，输入数值 100 →【回车】（见图 1-3-7）。

（2）依次移动鼠标至下方和左侧，输入数值 100 →【回车】（见图 1-3-8）；输入 C →【回车】，图形自动闭合。C 表示将最后一点与第一点闭合。

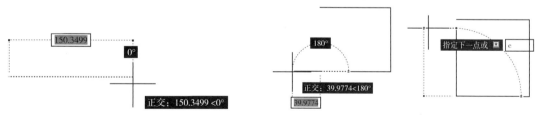

图 1-3-7　确定第一段线长度　　　　　　图 1-3-8　绘制闭合线段

5. 带有一定角度的线

利用坐标绘制长度为 200mm，角度为 26° 的线段，操作步骤如下：

（1）输入快捷命令 L →【回车】，在绘图区域单击一点。

（2）命令行输入：@200<26 →【回车】，图像效果如图，再次【回车】结束命令，得到的线段为带有 26° 角度，长度为 200mm 的斜线（见图 1-3-9）。

如果想得到任意长度，任意角度的线段，都可以通过该极坐标公式：@线段长度小于角度（线段与X轴正方向夹角的度数）进行绘制。

图1-3-9 26°角的线段绘制完成

本次课上机练习并辅导

1. 学会切换空间的方法，并熟悉 AutoCAD 2014 软件中"AutoCAD 经典"工作空间的界面结构。

2. 打开光盘中名称为"01-1 花境 dwg 格式"文件，选择并删除所有标注的汉字（见图1-1）。

3. 在同一文件内分别绘制长度为 100mm 和 100m 长的线段。

4. 绘制多边形（尺寸标注除外）（见图1-2）。

（1）边长为 500mm 的正方形。

（2）绘制边长为 600mm 的正三角形。

（3）绘制边长为 400mm 的正五边形。

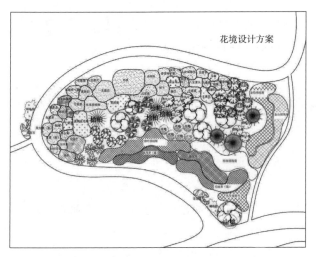

图1-1 花境设计方案

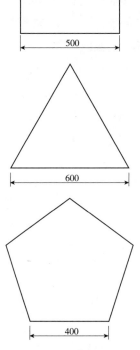

图1-2 正方形、正三边形、正五边形

5. 根据标注尺寸绘制如图电话亭平面图（见图1-3）。

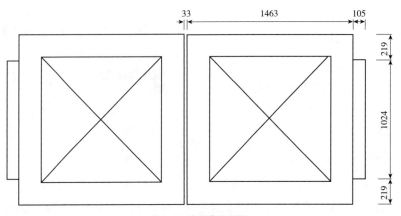

图1-3 电话亭平面图

6. 根据标注尺寸，绘制窗大样（尺寸标注除外）（见图 1-4）。

7. 参见下载文件"01-2 二号图框"文件，绘制标准二号图框；相关尺寸请参照"表 1-1-1 常用图纸尺寸"，标题栏尺寸请参照"图 1-1-6 学习期间标题栏模板"，二号图框线宽除外（见图 1-5）。

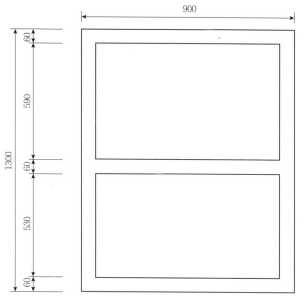

图 1-4　窗大样

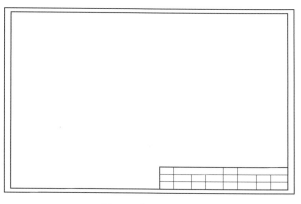

图 1-5　标准二号图框

8. 知识巩固：参见下载文件"01-3 网球场平面图"整理第一节所学内容，绘制标准网球场平面图（尺寸标注除外）（见图 1-6）。

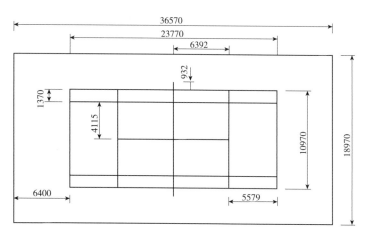

图 1-6　网球场平面图

第2章 AutoCAD 2014 基础训练

学习掌握 AutoCAD 2014 基本绘图工具是绘制园林图纸的基础。本部分主要是讲述基本绘图环境的设置，辅助绘图工具，矩形和圆形等二维基本图形以及基本编辑工具，为绘制复杂的图形做好准备。

2.1 AutoCAD 2014 基本绘图环境设置

2.1.1 工具栏重置

对于初学者来讲，在练习界面结构过程中有可能把界面样式调乱，而无法调整为初始样式。通过工具栏的重置可以解决此问题。操作方法是：选择【工具】→【选项】命令，出现如图 2-1-1 所示的【选项】对话框，单击【配置】选项板，选择右侧【重置】按钮，弹出配置对话框，单击【是】，将 AutoCAD 2014 重置为初始状态。

图 2-1-1 工具重置操作

2.1.2 操作界面的调整

1. 切换空间并布置操作界面

选择界面左上角的【切换空间选项】处的【草图与注释】的隐藏选项，选择"AutoCAD 经典"模式，进入到 AutoCAD 2014 的常用用户界面。

● 将【绘图】和【修改】工具条放在绘图区左侧。

● 将【标注】工具条放置在绘图区右侧。

● 将【图层】和【特性】工具条放在默认的绘图区上方。

2. 十字光标调整

● 十字光标调节成全屏显示，即十字光标大小的数值调整为 100。

● 十字光标颜色根据个人爱好设定。

3. 绘图区背景颜色的调整

● 根据个人爱好进行调整，建议以黑色、白色或灰色为主（见图 2-1-2）。

注意：■■■■■■■■■ 表示 1~9 号颜色，索引颜色为 7 号的色块表示纯黑或纯白色。■■■■■■■■ 表示 250~255 号灰度变化的颜色。

2.1.3 文件自动保存的设置

选择【工具】→【选项】，单击【打开和保存】选项板，在"另存为"选项框中将默认的"AutoCAD 2010 图形（dwg）"改为较低版本的"AutoCAD 2000/LT2000 图形（dwg）"，这样每次保存便可以以较低版本保存，避免 AutoCAD 2004 版本打不开的情况发生。

在"文件安全措施"选项中，将自动保存勾选，并将时间调整为 15 ~ 20 分钟较为适宜。时间过长无法找回因死机或跳出文件所造成的文件丢失，时间过短会频繁自动保存，影响操作（见图 2-1-3）。

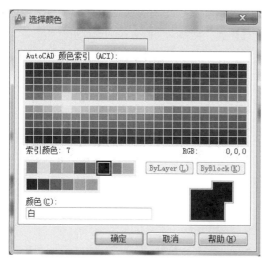

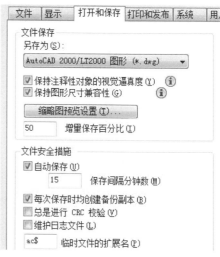

图 2-1-2　选择颜色

图 2-1-3　自动保存设置

如果出现文件突然丢失现象，可在【文件】里单击"自动保存文件位置"（见图 2-1-4）查看，按照所提示路径打开自动保存文件夹，按时间找到自动保存的文件，单击【F2】按钮修改名称，将后缀改为".dwg"即可打开正常使用。

2.1.4　设置图形单位

启动 AutoCAD 2014 进入绘图界面后，第一步工作就是设置绘图单位及环境，设置方法为：

● 快捷方式：输入 UN →【回车】。

● 菜单栏：选择【格式】→【单位】。

启动命令后，将打开【图形单位】对话框。当绘图比例 1：1 时，精度可选择 0，插入时的缩放单位选择"毫米"（见图 2-1-5）。单击【确定】，完成单位设置。

单位是图纸尺寸能够精确绘制的依据，一般制图单位为"mm"；园林规划图相对尺寸较大，有时可用"m"为单位。

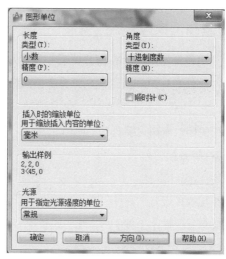

图 2-1-4　自动保存查找路径

图 2-1-5　图形单位对话框

2.2 AutoCAD 2014 辅助绘图工具

AutoCAD 提供了一些可以用来控制十字光标移动，并辅助绘图的工具，即在状态栏上的一组按钮称作"绘图辅助工具"（见图 2-2-1），主要包括正交、栅格、捕捉、极轴追踪等，这些辅助绘图工具能够更精确地定位某些特殊点，提高绘图准确性及绘图效率。单击某个按钮可开关此项功能，按钮下凹时表示功能打开生效。

图 2-2-1 绘图辅助工具

2.2.1 正交模式

正交模式可以方便的约束光标，更便捷的绘制出水平线和垂直线。在 AutoCAD 2014 中启动正交命令后，绘制或编辑对象时只能沿着水平或垂直方向移动光标，开启或关闭正交模式方法如下。

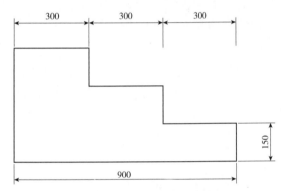

图 2-2-2 利用正交模式绘制台阶侧立面

- 快捷键：【F8】。
- 状态栏：■正交按钮。

状态栏中，正交按钮显示下凹状态，表示已启动正交模式，此时光标只能沿着水平或垂直方向移动。反之，如正交按钮显示为上凸，则为关闭正交模式，此时可任意方向、角度绘制或编辑图形。

如：利用正交模式，快速绘制如图 2-2-2 所示台阶侧立面图。

（1）【F8】打开正交模式。

（2）执行线段快捷键"L"→【回车】，在绘图区合适位置单击左键指定任意位置，将十字光标位置向右拖动，输入 300 →【回车】；将十字光标位置向下拖动，输入 150 →【回车】；完成一组踏步尺寸。

（3）同样方法依次绘制完后两个踏步；向左移动十字光标，输入 900 →【回车】；输入闭合图形快捷键 C，完成操作。

通过该操作不难发现在正交模式下，拖动光标方向，键盘输入线段长度可以很方便的完成水平和垂直线的绘制。

2.2.2 对象捕捉模式

对象捕捉功能是使用频率高的工具之一，当光标靠近图形时，会根据所符合条件的几何特征自动进行捕捉，在图形上会产生捕捉标记和提示，此时光标出现吸附效果选取捕捉点，便于准确绘图。如端点捕捉、中点捕捉、圆心捕捉等。

1. 启用或关闭对象捕捉模式

- 快捷键：【F3】。
- 状态栏：□。

2. 对象捕捉模式设置

- 下拉菜单：选择【工具】→【绘图设置】。
- 快捷键：OS（OSNAP）→【回车】。
- 状态栏：□对象捕捉图标上右击，选择【设置】选项。

在弹出的【草图设置】对话框中，选择【对象捕捉】选项（见图 2-2-3），即可结合图形几何特征对【对象捕捉模式】中的选项进行设置，当前默认的选项有端点、圆心、交点和延长线。

3. 使用临时捕捉快捷菜单

在绘图区按 Shift 或 Ctrl+ 右键，可调出临时捕捉快捷菜单（见图 2-2-4）。

在绘图过程中要偶尔使用一次捕捉，可使用此方法。在弹出的临时捕捉快捷菜单中，单击其中选项即可，如"圆心"，可临时使用 1 次圆心捕捉。该方法供临时使用，只能选择一种捕捉模式，且只对当前一次捕捉操作有效。

图 2-2-3　对象捕捉选项卡

图 2-2-4　临时捕捉菜单

4. 常用对象捕捉模式详解

对象捕捉模式包括捕捉端点、中点、圆心、节点、象限点、交点、延长线、插入点、垂足、切点、最近点、外观交点和平行线等，各参数含义如下。

（1）端点：捕捉直线、弧线或多段线等图形对象离光标最近的端点。

（2）中点：捕捉直线、弧线或多段线等图形中间点。

（3）圆心：捕捉圆、圆弧、椭圆和椭圆弧等的圆心。

（4）节点：捕捉点命令 Point 绘制的点对象。

（5）象限点：捕捉与圆、圆弧、椭圆或椭圆弧等图形在 0°、90°、180° 和 270° 位置上的交点。

（6）交点：捕捉用于捕捉图形对象相交的点。

（7）延长线：当光标经过对象端点时，显示临时延长线或弧，便于用户在其延长线上指定点。

（8）插入点：捕捉文字、块、属性的插入点。

（9）垂足：捕捉垂直于对象的点。

（10）切点：捕捉圆、圆弧、椭圆、椭圆弧、样条曲线上与对象相切的点。

（11）最近点：捕捉所有图形离光标最近的点。

（12）外观交点：系统自动计算两条没有直接相交的线，即其延长的交叉点。

（13）平行线：捕捉与指定直线平行方向上的点。

对象捕捉模式打开不宜太多，否则会被无关的捕捉选项干扰，建议在使用时根据需要打开几个常用选项即可，常用选项包括端点、中点、圆心、象限点、交点、垂足和最近点（见图 2-2-5）。

图 2-2-5　对象捕捉选项卡

2.2.3　栅格与捕捉

栅格是一种帮助定位的网格，栅格在绘图区以网格样式显示，类似于手工绘图用的方格坐标纸；捕捉功能用于设定光标移动的间距。

1. 栅格与捕捉启用与关闭

● 快捷键：栅格显示与关闭【F7】，捕捉模式【F9】。

图2-2-6　捕捉和栅格选项卡

● 状态栏：▦栅格显示按钮，▦捕捉模式按钮。

启用捕捉【F9】模式后光标将自动准确的捕捉到栅格点。【F7】可对于栅格的显示与关闭进行控制。栅格只显示在当前视图显示范围内，而且不会随图纸打印出来。

2. 栅格大小设置

如果栅格间距相对于图形尺寸过小，窗口由于栅格过密将不能正常显示，因此需要重新设置栅格的大小才能正常显示，方法如下：

● 下拉菜单：选择【工具】→【绘图设置】。

● 快捷键：DS（DSETTINGS）→【回车】。

在打开的【草图设置】对话框中设置【捕捉间距】和【栅格间距】处调整X轴和Y轴间距即可（见图2-2-6）。

在此设定下，视图中栅格将以100mm×100mm的尺寸显示并捕捉，如图2-2-7所示绘制的图形即可非常便捷的按照栅格间距捕捉，准确定位来绘图。必要时可以隐藏栅格，以免妨碍图纸观察。

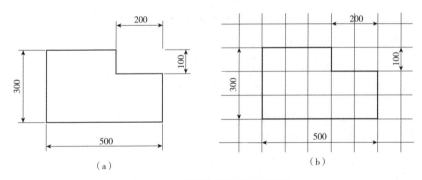

（a）　　　　　　　　　　　　　　　　　（b）

图2-2-7　捕捉与栅格便捷完成图形
（a）栅格隐藏；（b）栅格显示

2.2.4　自动追踪

自动追踪包括极轴追踪和对象追踪两种形式。

1. 极轴追踪

极轴追踪是角度追踪工具（见图2-2-8），指当需要指定一个点时，按预先设置的角度增量显示一条无限长的辅助线，沿这条辅助线追踪到所需要的特征点。

● 快捷键：启用与关闭自动追踪【F10】。

● 状态栏：◢自动追踪按钮。

增量角可设置追踪角度，系统会在与增量角成倍数的方向上指定点的位置。如设定增量角为30（见

图 2-2-8), 在与增量角呈 30 倍数的方向上显示出极轴追踪路径 (见图 2-2-9)。

图 2-2-8　极轴追踪选项卡　　　　　　　图 2-2-9　增量角

2. 对象追踪

对象追踪与极轴追踪类似。也是沿着一条对齐路径确定一个点的坐标方法。与极轴追踪不同的是极轴追踪以当前点为基点进行追踪 (见图 2-2-10), 对象捕捉追踪以对象捕捉的特征点为基点进行追踪 (见图 2-2-11), 因此对象追踪捕捉必须与对象捕捉同时使用。

● 快捷键：启用与关闭自动追踪【F11】。

● 状态栏：◢ 对象捕捉追踪按钮。

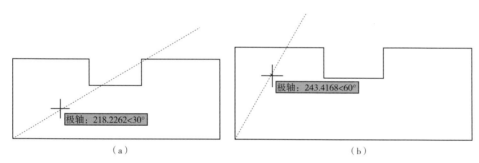

图 2-2-10　极轴追踪路径与增量角呈 30 的倍数的方向显示
（a）极轴追踪路径 30° 方向；（b）极轴追踪路径 60° 方向

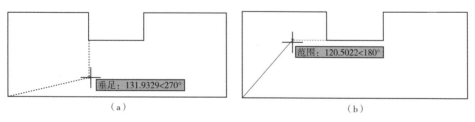

图 2-2-11　对象追踪路径与捕捉对象特征显示追踪方向
（a）对象追踪路径以垂线向下追踪；（b）对象追踪路径以水平线向左追踪

2.2.5　动态输入

动态输入功能可以直接在光标位置显示尺寸、角度及提示参数等信息（见图 2-2-12), 不需要看命令行提示, 可以在绘图区直接看到命令的提示信息。

● 快捷键：启用与关闭动态输入【F12】。

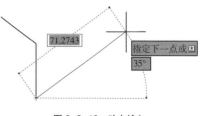

图 2-2-12　动态输入

● 状态栏：对象捕捉追踪按钮。

2.3 绘制二维基本图形

2.3.1 射线

射线是一端固定，另一端无限延伸的直线。特点是只有起点和方向，没有端点，常用于做辅助线使用。

1. 命令的启动方法

● 菜单：【绘图】→【射线】 射线(R)。

● 快捷键：Ray →【回车】。

2. 操作步骤

（1）启动命令 Ray【回车】；在绘图区域鼠标左键单击一点（见图 2-3-1）。

（2）移动鼠标至任意位置，单击可以依次单击（见图 2-3-2），【Esc】键结束命令，绘制完成。

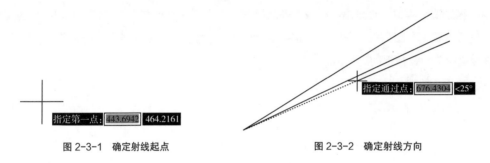

指定第一点：443.6942 464.2161

指定通过点：676.4304 <25°

图 2-3-1 确定射线起点   图 2-3-2 确定射线方向

2.3.2 构造线

构造线是两端无限延伸的直线，没有起点和端点。指定两个点既可以确定构造线的位置与方向，主要用于辅助绘图。

1. 命令的启动方法

● 菜单：【绘图】→【构造线】 构造线(T)。

● 快捷键：XL（XLINE）→【回车】。

● 绘图工具栏： 。

2. 具体操作

启动命令 XL【回车】，单击任意点，再次单击另一点，指定构造线的倾斜方向即可。也可以继续单击点，将形成多条任意角度的构造线。

构造线的其他样式如下：

（1）水平构造线。输入快捷键 XL【回车】，H【回车】，在视图任意单击点（见图 2-3-3），也可以继续单击点，将形成多条水平的构造线。

（2）垂直构造线。输入快捷键 XL【回车】，V【回车】，在视图任意单击点（见图 2-3-4）也可以继续单击点，将形成多条垂直的构造线。

（3）角度构造线。输入快捷键 XL【回车】，A【回车】，输入 45（即 45°角）【回车】，在视图适当区域单击即可。也可以继续单击点，将形成多条呈 45°角的构造线（见图 2-3-5）。

（4）二等分构造线。如果视图内有两条线呈一定角度，可以将其角度进行等分。方法是：输入快捷键 XI【回车】，B【回车】，单击要等分角的顶点，再分别单击两条线的两个方向点，回车后即可平分该夹角（见图 2-3-6）。

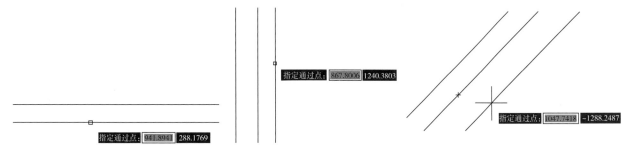

图 2-3-3　确定水平构造线位置　　　　图 2-3-4　确定垂直构造线位置　　　　图 2-3-5　确定带角度构造线位置

（5）偏移构造线。可以将视图区域中的任意直线进行等距离复制。方法是：XI【回车】，O【回车】，输入要平行偏移的距离，如 100【回车】；单击拾取原有线条，将鼠标向要偏移的一侧单击，即可复制出距离为 100 的平行线。若要连续复制，可重复拾取要偏移的新线段，在一侧单击即可，多条等距离的构造线偏移完成（见图 2-3-7）。

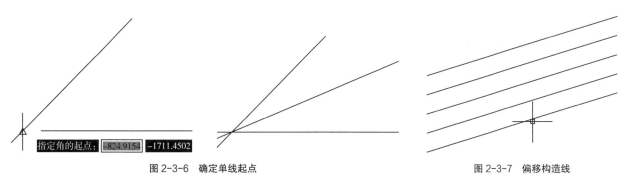

图 2-3-6　确定单线起点　　　　　　　　　　　　　　　　图 2-3-7　偏移构造线

2.3.3　圆形

圆是最基本的几何图形，且在 AutoCAD 中应用非常广泛，有多种绘制圆形的方法。

1. 命令的启动方法

● 菜单：【绘图】→【圆形】→【圆心、半径】（见图 2-3-8）。

● 快捷键：C（CIRCLE）→【回车】。

● 绘图工具栏：⊙。

2. 具体操作

圆形绘制方法包括：圆心半径，圆心直径，两点画圆，三点画圆，切切半径，切切切（见图 2-3-9）。

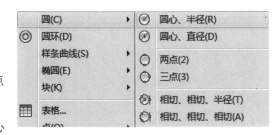

图 2-3-8　绘制圆的多种方法

（1）圆心半径。输入快捷键 C【回车】，十字光标单击圆心位置并拖动，输入半径值。

（2）圆心直径。输入快捷键 C【回车】，十字光标单击圆心位置并拖动，输入圆形直径值。也可使用"圆心、半径"方法，即在拖动完鼠标后，输入 D【回车】，输入圆形直径值。

（3）两点画圆（2P）。通过 2 个点绘制圆形；操作方法是：输入快捷键 C【回车】，2P【回车】，十字光标指定圆直径的第一个端点，移动鼠标指定第二端点或输入一定距离。

（4）三点画圆（3P）。输入快捷键 C【回车】，3P【回车】，十字光标指定三个点，可绘制完成通过该三点的圆形。

（5）相切、相切、半径。绘制出与两个圆形对象相切，且半径已知的圆。操作方法是：输入快捷键 C【回车】，T【回车】，十字光标指定任意圆形边线，继续指定另一圆形边线，输入新绘制圆形半径值【回车】，即可绘制完成与原有两个对象相切，同时给定半径值的圆形（见图 2-3-9）。

（6）相切、相切、相切。简称"切切切"。绘制出与原有三个图形对象相切的圆，此圆唯一（见图 2-3-9）。

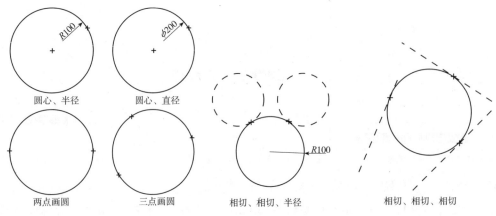

圆心、半径   圆心、直径   两点画圆   三点画圆   相切、相切、半径   相切、相切、相切

图 2-3-9　绘制圆的多种方法

2.3.4　圆弧

圆弧同样应用非常广泛，要绘制圆弧，可以指定圆心、端点、起点、半径、角度、弦长和方向值的各种组合形式。

1. 命令的启动方法

● 菜单：【绘图】→【圆弧】→【三点】（见图 2-3-10）。

● 快捷键：A（ARC）→【回车】。

● 绘图工具栏：⌒。

根据已知条件，可以有多种方式绘制圆弧。如三点画圆、起点圆心端点、起点圆心角度、起点圆心长度、起点端点角度、起点端点方向、起点端点半径、圆心起点端点、圆心起点角度、圆心起点长度、继续（见图 2-3-11）。

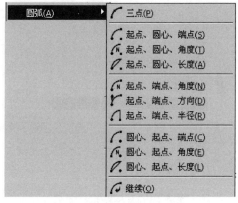

图 2-3-10　圆弧下拉菜单

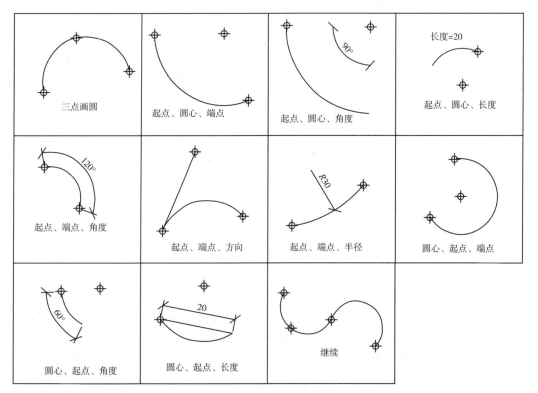

图 2-3-11　绘制圆弧效果

2.相关参数

（1）三点：通过指定的三个点的位置绘制圆弧。

（2）起点：指圆弧的起始点位置。

（3）圆心：圆弧的圆心。

（4）端点：圆弧上的终止点。

（5）角度：输入绘制圆弧的角度。顺时针为负值，逆时针为正值。

（6）方向：指定和圆弧起点相切的方向。

（7）半径：输入圆弧的半径，方向由正负值决定。

实训 2-1 根据如图 2-3-12 所示绘制张拉膜各种样式。

实训 2-2 根据标注尺寸绘制窗大样（见图 2-3-13）。

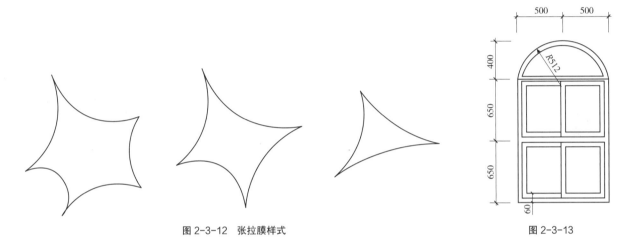

图 2-3-12 张拉膜样式　　　　　　　　　　　　　图 2-3-13

2.3.5 矩形

矩形是一种较常见的几何图形，利用矩形命令可以很容易地绘制出普通矩形，也可以绘制带有圆角、直角、厚度及宽度的矩形。

1.命令的启动方法

● 菜单：【绘图】→【矩形】。

● 快捷键：REC（RECTANG）→【回车】。

● 绘图工具栏： 。

2.具体操作

（1）普通矩形。输入快捷键 REC【回车】，在视图内指定一点，输入 @X，Y 轴长度，如 @300，200，即可以绘制出 X 轴长度为 300，Y 轴长度为 200 的矩形（见图 2-3-14）（注：@ 也可省略）。

（2）倒直角矩形。设置矩形各角为倒直角状态，设定其倒角的大小值，即可绘制出带倒角的矩形。具体操作方法如下：输入快捷键 REC【回车】；C【回车】，输入矩形第一个倒角数值，如 100【回车】；输入第二个倒角数值，如 200【回车】；在视图内指定一点，单击并拖动，输入 @X，Y 轴长度，如 @1000，500【回车】，倒直角矩形绘制完成（见图 2-3-15）。如果要恢复普通矩形，重复以上操作，将两个倒角值各改为 0 即可。

（3）倒圆角矩形。输入快捷键 REC【回车】；F【回车】，输入矩形

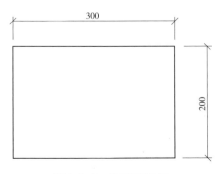

图 2-3-14 普通矩形绘制

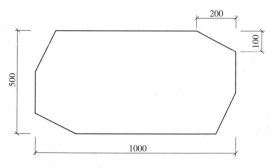

图 2-3-15　倒直角矩形

倒圆角半径数值，如 100【回车】；在视图内指定一点，单击并拖动，输入 @X，Y 轴矩形长度和宽度，如 @500，300，【回车】，倒圆角矩形绘制完成（见图 2-3-16）。恢复普通矩形，方法同上。

（4）带有厚度的矩形。可以设置矩形厚度，即 Z 轴方向的高度。方法如下：输入快捷键 REC【回车】；T【回车】，输入矩形厚度数值，如 100【回车】；在视图内指定一点，单击并拖动，输入 @X，Y 轴矩形长度和宽度，如 @500，300【回车】。长宽高分别为 500，300，100 的盒体绘制完成。选择下拉菜单【视图】→【三维视图】→【西南等轴测】可观察到带有厚度矩形样式（见图 2-3-17），【视图】→【三维视图】→【俯视】可恢复为原平面视图。

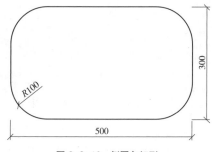

图 2-3-16　倒圆角矩形

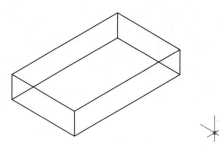

图 2-3-17　视图工具栏

注：视图工具栏（见图 2-3-18）可快速控制视图的显示形式，选择轴测图图标，如【西南等轴侧】图标，观察看到如图所示效果。点击第二项【俯视】图标，可以回到原来平面图的效果。

图 2-3-18　视图工具栏

（5）带有宽度的矩形。输入快捷键 REC【回车】；W【回车】，输入矩形宽度的数值，如 20【回车】；在视图内指定一点，单击并拖动，输入 @X，Y 轴矩形长宽，如 @500，300，【回车】，带有宽度的矩形绘制完成（见图 2-3-19）。

实训 2-3　根据标注尺寸绘制座椅平面图（见图 2-3-20）。

实训 2-4　根据标注尺寸绘制方形树池座椅平面图（见图 2-3-21）。

图 2-3-19　带有宽度的矩形

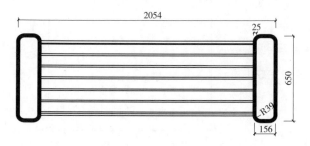

图 2-3-20　座椅俯视图

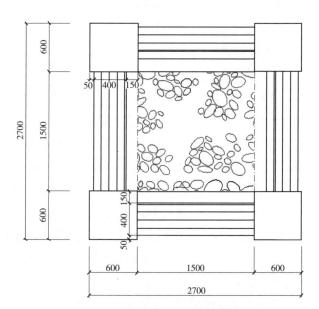

图 2-3-21　方形树池座椅平面图

2.4 基本编辑工具

当我们绘制一幅漂亮的图时，仅仅靠绘图工具栏的命令是不能完成的，还必须要借助图形编辑工具来实现。图形编辑工具功能多，可以进行删除、复制、镜像、平行复制、阵列、移动……（见图2-4-1），通过这些编辑命令，不仅使画面效果更好，而且更能够快速准确地完成图形。

图 2-4-1　修改工具栏

2.4.1　删除

"删除"用于删除多余的图形。

1. 命令的启动方法

● 菜单：【修改】→【删除】。

● 快捷键：E（ERASE）→【回车】。

● 修改工具栏：。

2. 具体操作

（1）点选删除。通过单击的方式进行删除。方法如下：输入快捷键E【回车】，单击要删除的物体，将变为虚线状态，右键确认，物体删除。

（2）左选框删除。通过从左至右拖动选框删除物体。方法如下：输入快捷键E【回车】，左键单击并向右拖动选框，将要删除的物体全部包含在内，被删除物体将变成虚线形态，单击右键结束命令，可以删除物体。

（3）右选框删除。通过从右至左拖动选框删除物体。方法同上：输入快捷键E【回车】，左键单击并向左拖动选框，与将要删除的物体相交，被删除物体将变成虚线形态，右击结束命令，可以删除物体。

（4）栏选删除。通过绘制线段与所删物体相交进行删除（见图2-4-2）。方法如下：输入快捷键E【回车】，并输入F【回车】，在视图内指定一点如图2-4-2（a）所示，在另一侧指定下一点如图2-4-2（b）所示，绘制虚线线段与要删除的图形相交，可继续绘制围栏样式如图2-4-2（c）所示；【回车】，要删除的物体变成虚线表示已经选中，再次【回车】结束命令，与栏选线相交的物体被删除如图2-4-2（d）所示。

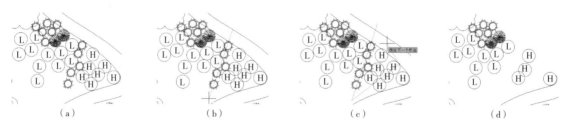

（a）　　　　　　　　（b）　　　　　　　　（c）　　　　　　　　（d）

图 2-4-2　栏选删除
（a）所有图形；（b）指定下一点；（c）栏选线；（d）栏选删除完成

（5）全部删除。将文件内所有图形一次性全部删除。方法如下：输入快捷键E【回车】，继续输入 ALL【回车】，所要删除的物体变为虚线（见图2-4-3），再次【回车】结束命令。

3. 将选中的剔除

在删除物体过程中，往往有些图形是不方便选择的，少数图形是要保留的，如图2-4-4（a），5株"白桦"树种需要保留，但是在删除其他物体时还要避开此物体一点点删除，相对会影响速度和效率，因此可以采用剔除的方法更快捷的一次删除"白桦"以外的图形。以下图为例，方法如下：

（1）输入快捷键E【回车】，继续输入 ALL【回车】确认，所要删除的物体将变为虚线。

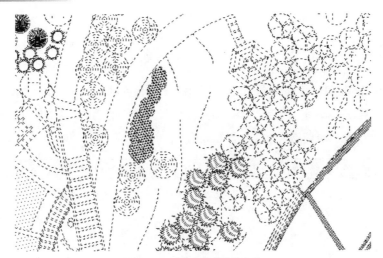

图 2-4-3 全部删除物体的方法

（2）然后按住【Shift】键，并单击要保留的 5 株"白桦"树，该树形将由虚线变为实线，【回车】或单击右键结束命令，即可删除 5 株"白桦"树以外的其他图形，如图 2-4-4（b）。

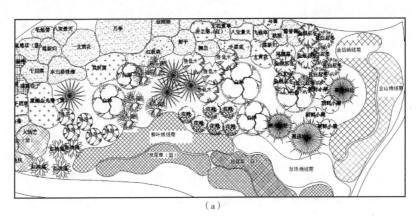

（a）

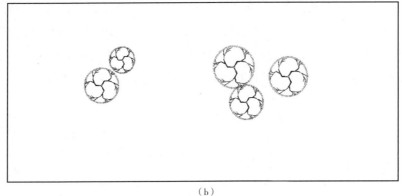

（b）

图 2-4-4 剔除要保留的物体
（a）所有图形；（b）保留树形被剔除到删除范围外

2.4.2 偏移

偏移也称作平行复制，通过本命令可以创建与选定物体相似的新物体的形状，是一种特殊的复制对象的方法。可偏移的图形对象包括直线、弧线、曲线、圆形、多边形等（见图 2-4-5）。

1.命令的启动方法

● 菜单：【修改】→【偏移】。

● 快捷键：O（OFFSET）→【回车】。

● 修改工具栏：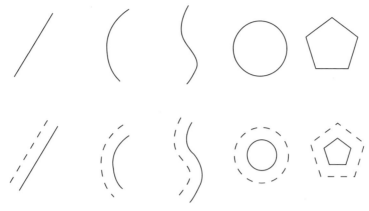。

图 2-4-5　偏移前后比较

2.具体操作

（1）按照指定偏移距离。

条件：已知矩形和圆形，圆形呈圆环状，宽度已定，要求矩形向内偏移，偏移的距离等于圆环的宽度。

操作：输入快捷键 O【回车】，单击已知内圆与外圆的 0°象限点位置的亮点，确定圆环宽度；确定想要偏移的参照距离如图 2-4-6（a），然后单击要偏移的矩形边缘，向内单击任意点，视图完成物体的偏移如图 2-4-6（b）。

在进行偏移物体时，可以多次向左或向右单击视图进行重复多次的复制，效果如图 2-4-7 所示。

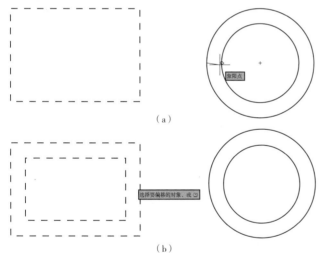

（a）

（b）

图 2-4-6　平行复制物体的方法
（a）确定偏移参照距离；（b）完成矩形偏移

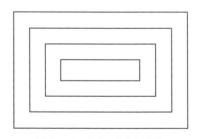

图 2-4-7　多次平行复制物体

（2）按照要求距离偏移物体。

输入快捷键 O【回车】，输入要偏移的距离，如 30【回车】，然后单击要偏移的物体，如上图矩形框边缘，向左或向右单击视图，即可按照要求距离完成物体的偏移。

2.4.3　修剪

修剪即通过指定边界修剪对象的多余部分。绘图过程中经常出现线条超出范围的情况，需要将超出的部分去掉，以便于能够更准确的将线条相交。该命令可以以指定的对象为边界，将超出的部分修剪掉，同时还具有延伸功能。

1.命令的启动方法

● 菜单：【修改】→【修剪】。

● 快捷键：TR（TRIM）→【回车】。

● 修改工具栏：✦。

2. 具体操作

（1）修剪单条线段。输入快捷键TR【回车】，左键选择修剪的界限，如图2-4-8（a）所示的虚线为边界，右键确认，左键选择要修剪掉的线如图2-4-8（b）所示，可以将多余的线段单条删除（见图2-4-8）。

举例：针叶树形的绘制（见图2-4-9）。

1）启动命令L【回车】，绘制如图任意角度线段如图2-4-9（a）所示。

2）从线段顶点位置分别绘制半径为2000mm和2100mm的圆图2-4-9（b）所示。

3）将外圈以外的线修剪掉：TR【回车】，单击选择修剪的界限（外圆），右击确认，单击超出圆形线即可，如图2-4-9（c）所示；删除外圈即可，如图2-4-9（d）所示。

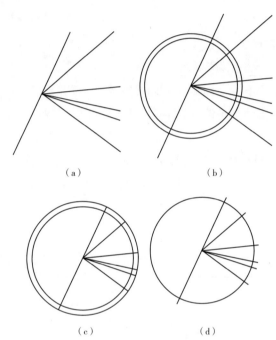

（a）　　　　　　　　　　（b）

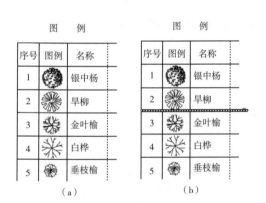

（a）　　　　　　　　　　　（b）

（c）　　　　　　　　　　（d）

图2-4-8　剪切单条线段的方法
（a）剪切前；（b）剪切后

图2-4-9　针叶树形的绘制
（a）绘制不同角度的线段；（b）绘制同心圆；
（c）修剪圆外的线段；（d）完成树形绘制

（2）快速剪切。输入快捷键TR【回车】，再次【回车】，单击要修剪掉的线条。

（3）栏选修剪。快捷键TR【回车】，左键选择如图2-4-10（a）所示，修剪的界限，右键确认，F【回车】，自上至下确定两点，绘制与要修剪掉的线条相交的线如图2-4-10（b）所示；右击确定或【回车】结束命令，可以同时将多余的线条修剪掉，如图2-4-10（c）所示。

（4）延伸修剪。要求如图2-4-11（a）所示中将超出垂线延伸线右侧的线删除（见图2-4-11），方法如下：快捷键TR【回车】，单击选择修剪的界限，如图2-4-11（b）所示，右击确认，E【回车】，再次输入E【回车】，单击要删除的线段，如图2-4-11（c）所示，可以将超出垂线延伸线的部分剪掉，如图2-4-11（d）所示。

2.4.4　延伸

可以将图形对象延伸到定义的边界。线段、圆弧、椭圆弧、直线和多段线等都可以进行延伸。

1. 命令的启动方法

● 菜单：【修改】→【延伸】。

● 快捷键：EX（EXTEND）→【回车】。

● 修改工具栏：　。

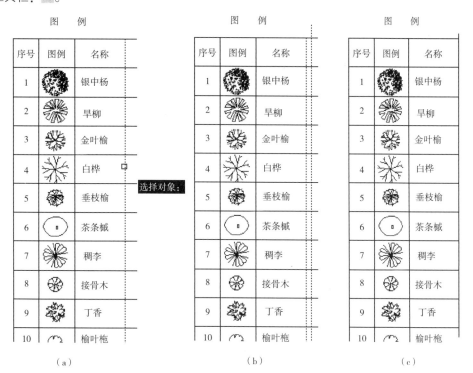

图 2-4-10 栏选修剪
（a）步骤 1；（b）步骤 2；（c）步骤 3

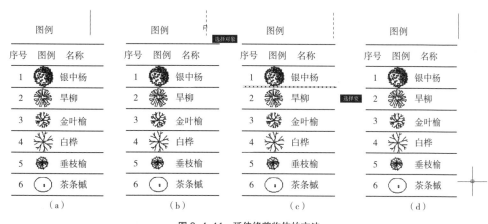

图 2-4-11 延伸修剪物体的方法
（a）步骤 1；（b）步骤 2；（c）步骤 3；（d）步骤 4

2. 具体操作

（1）延伸单条线段。如图 2-4-12（a）所示，将廊架左侧的线条延伸到头，输入快捷键 EX【回车】，左键选择延伸到的线如图 2-4-12（b）所示，右键确认，单击每一条要延伸的线条如图 2-4-12（c）所示，即可形成如图 2-4-12（d）所示效果。

（2）快速延伸。延伸的另外一种更简捷的方式，即输入快捷键 EX【回车】，再次【回车】，直接单击要延伸的线条

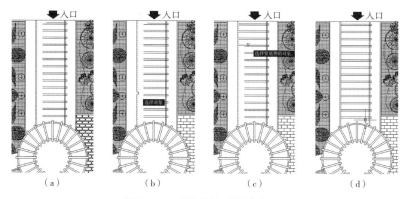

图 2-4-12 单条线段延伸物体的方法
（a）步骤 1；（b）步骤 2；（c）步骤 3；（d）步骤 4

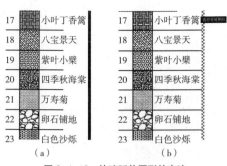

图 2-4-13　快速延伸图形的方法
（a）步骤1；（b）步骤2

即可（见图 2-4-13）。

但是使用本方法也有一定的局限性，如图 2-4-14（a）所示，如果要求 AB 线段 B 点延伸至线段 10 上，采用第一种方法会特别快捷，但是应用第二种方法就很麻烦了，10 条线段就需要延伸十次、上百条线段就更费劲了。因此如图 2-4-14（a），要延伸线最快捷的方法如下：TR【回车】，左键选择线段 10 如图 2-4-14（b）所示，右键确认，单击 AB 线段 B 点一侧即可如图 2-4-14（c）即可形成图 2-4-14（d）效果。

（3）多条线段同时延伸。如图 2-4-15（a）所示，如果要一次性将所有线段延伸出去，可以采用如下方法：快捷键 EX【回车】，左键选择要延伸到的线，即 AB 线段，右键确认，输入 F【回车】，左键选择要延伸的线，自上至下绘制线段如图 2-4-14（c）所示，右键确定，可得到如图 2-4-14（d）所示效果，再次右击或【回车】结束命令。

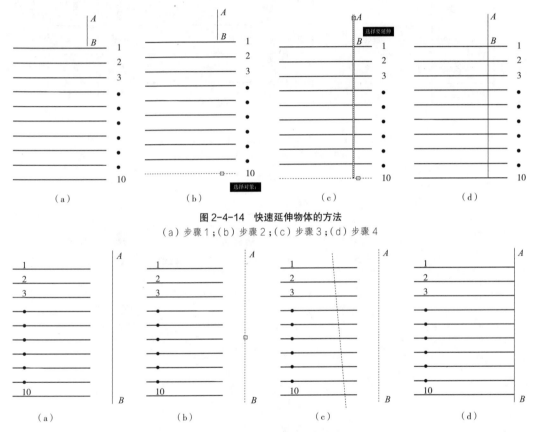

图 2-4-14　快速延伸物体的方法
（a）步骤1；（b）步骤2；（c）步骤3；（d）步骤4

图 2-4-15　同时延伸物体的方法
（a）步骤1；（b）步骤2；（c）步骤3；（d）步骤4

（4）夹角延伸。在绘图过程当中，经常会出现接口处交叉或不能相接现象如图 2-4-16（a）所示，可以采用如下方法快速闭合，即输入 F【回车】，R【回车】，0【回车】，单击要闭合的端点如图 2-4-16（b）所示即可完成夹角的延伸，形成闭合的实体如图 2-4-16（c）所示。该方法用处特别广泛，而且方便快捷。

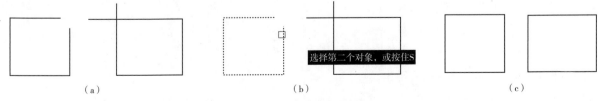

图 2-4-16　栏选删除物体的方法
（a）步骤1；（b）步骤2；（c）步骤3

2.4.5　倒角

倒角即给对象加倒角，用斜线连接两段不平行的线形。

1. 命令的启动方法

● 菜单：【修改】→【倒角】。

● 快捷键：CHA（CHAMFER）→【回车】。

● 修改工具栏：◻。

2. 具体操作

绘制长宽为 400，300 的矩形，输入快捷键 CHA【回车】；D【回车】，输入倒角两条边的数值，如 50，100【回车】；单击矩形夹角的两条边，即可形成倒角如图倒角的矩形（见图 2-4-17）。

2.4.6　圆角

1. 命令的启动方法

● 菜单：【修改】→【圆角】。

● 快捷键：F（FILLET）→【回车】。

● 修改工具栏：◻。

2. 具体操作

绘制长宽为 400mm，300mm 的矩形，输入快捷键 F【回车】；R【回车】，输入倒角半径值，如 100【回车】；单击矩形夹角的两条边，即可形成倒角半径为 100 的单个角倒角的矩形（见图 2-4-18）。继续【空格】执行上一步操作，单击矩形右下角可形成如图 2-4-19 效果。当部分绿地或道路交叉口为倒角时，可以采用此方法。

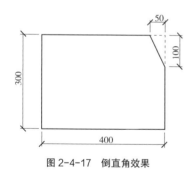

图 2-4-17　倒直角效果

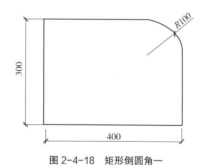

图 2-4-18　矩形倒圆角一

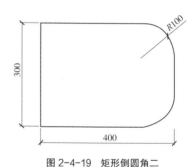

图 2-4-19　矩形倒圆角二

本次课上机练习并辅导

1. 根据标注尺寸绘制道路交叉口平面尺寸图（见图 2-1）。

2. 参见下载文件"02-1 篮球场平面"文件，绘制篮球场平面图（尺寸标注除外）如图 2-2 所示。

3. 参见下载文件"02-2 入口景墙详图"文件，绘制 02-2 入口景墙平面、立面图（尺寸标注除外）如图 2-3、图 2-4 所示。

4. 思考并结合图 2-5（a），参照图片实物效果图绘制图 2-5（b）中艺术组合陶罐平面图，尺寸自定（思考白色沙砾如何绘制）。

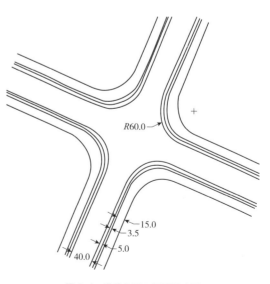

图 2-1　道路交叉口平面尺寸图

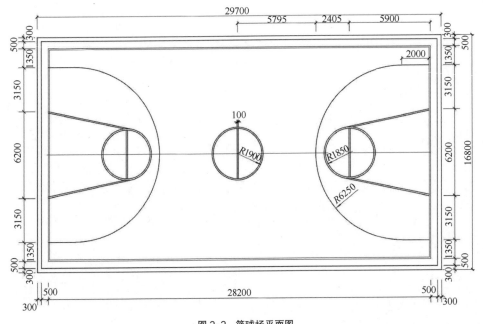

图 2-2　篮球场平面图

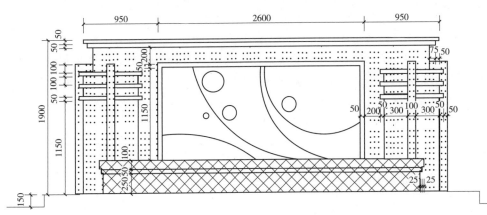

图 2-3　主入口景墙正立面

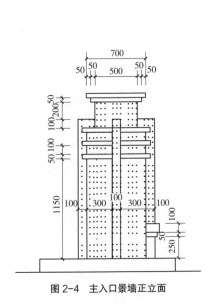

（a）

图 2-4　主入口景墙正立面

艺术组合陶罐

白色砂砾

（b）

图 2-5　效果图转平面图
（a）实物效果图；（b）平面图

5. 思考并参见下载文件"02-3立面图"文件按照网格定位尺寸（见图2-6），绘制五色草立体花坛立面图样式。

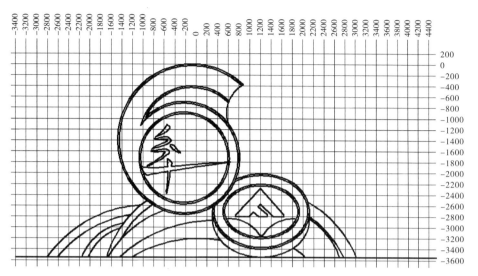

图2-6　五色草立体花坛立面图

6. 绘制小型绿地平面图，如图2-7所示。

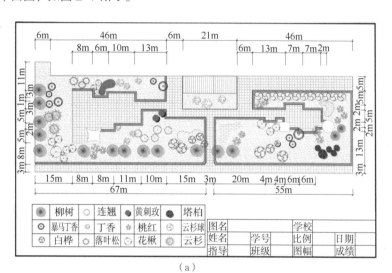

（a）

（b）

图2-7　小型绿地平面图

（a）种植设计平面图；（b）无植物、铺装平面图

第3章　小型园林建筑平立面图绘制

移动、复制、镜像和旋转等编辑命令，不仅使画面效果更好，而且更能够快速准确地完成图形。本章重点讲解二维基本图形和编辑命令，并通过园林小型建筑的绘制，学会建筑绘制的基本方法，同时巩固所学基本命令，达到对基本绘图和编辑命令熟练掌握并应用的目的。

3.1　绘制二维基本图形

3.1.1　多线

多线是由一系列相互平行的直线组成的复合线。功能是同时绘制多条相互平行的直线段，是一个整体。常用于绘制建筑图中的墙体等相关平行线的图形。

1. 多线样式的设置

绘制多线之前，一般需要根据实际情况对其偏移等样式进行设置。如要设置"相对轴线对称的240mm砖墙"样式，方法如下：

菜单栏中【格式】→【多线样式】，弹出的【多线样式】对话框（见图3-1-1），单击【新建】按钮；打开【创建新的多线样式】对话框，在"新样式名"文本框中指定新样式名称为"240"，单击【继续】按钮（见图3-1-2）；在弹出的【新建多线样式：240】对话框中设置相关参数，"图元"选项中偏移的数值可以修改为相对于轴线距离的120，-120（见图3-1-3），【确定】结束设置。

图 3-1-1　多线样式对话框　　　　　　　　　　　　　图 3-1-2　创建新的多线样式对话框

2. 多线的绘制

（1）命令的启动方法：

● 菜单：【绘图】→【多线】。

● 快捷键：ML（MLINE）→【回车】。

（2）具体操作：

输入快捷命令 ML →【回车】；输入 S【回车】，设定绘图比例为"1"【回车】；输入"ST"【回车】，输入设定的多线样式名称"240"【回车】；视图内指定一点，单击即可依次绘制线宽为 240mm 的多线；如果最后一点确定完后输入 C，可以闭合多线样式（见图 3-1-4）。

图 3-1-3　新建多线样式参数调整

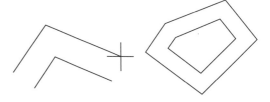

图 3-1-4　新建多线样式参数调整

注意：

【对正 J】确定如何在指定的点之间绘制多线，对正的类型包括上、无和下三种方式（见图 3-1-5）。

【比例 S】控制多线的全局宽度。该比例不影响线型比例。这个比例基于在多线样式定义中建立的宽度。比例因子为 2 绘制多线时，其宽度是样式定义的宽度的两倍。

【样式 ST】指定已加载的样式名或创建的多线库文件中已定义的样式名。

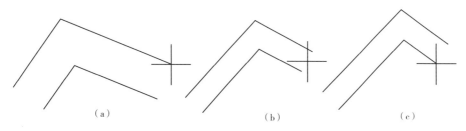

（a）　　　　　　　　　（b）　　　　　　　　　（c）

图 3-1-5　新建对正参数示例

（a）对正方式 T：上；（b）对正方式 Z：无；（c）对正方式 B：下

3. 多线编辑

完成多段线的绘制之后，要对图形进行修正，主要是对于十字接头、丁字接头等的调整。

将图 3-1-6 中所示虚线圆形范围内的 T 形接口打开。操作方法为：菜单栏中【修改】→【对象】→【多线】，弹出【多线编辑工具】对话框（见图 3-1-7）；有多项编辑工具，选择【T形打开】选项，拾取框选择第一条多线如图 3-1-8（a）所示，拾取框选择第二条多线如图 3-1-8（b）所示，形成 T 形接口打开效果，如图 3-1-8（c）所示。

实训 3-1　小型建筑平面图墙体轮廓的绘制。

已知建筑轴线尺寸为 6.9m×4.5m，要求承重墙宽度为 370mm，隔墙宽度为 240mm。

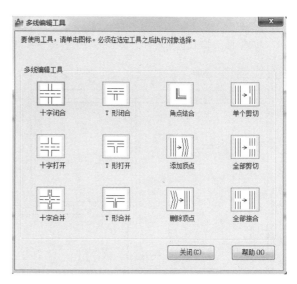

图 3-1-6　多线编辑工具对话框

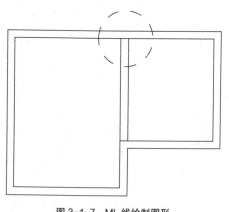

图 3-1-7 ML 线绘制图形

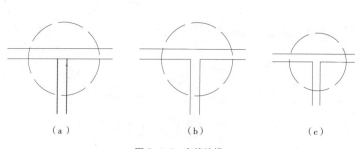

图 3-1-8 多线编辑
（a）步骤1；（b）步骤2；（c）步骤3

操作方法：

1. 承重墙的绘制

菜单栏中【格式】→【多线样式】，设置多线样式为"370"，偏移数值为120，−250；绘制多线 ML，比例（S）为"1"，多线样式名（ST）为"370"；在视图内单击角点位置开始绘制（见图 3-1-9），依次单击交点，最后输入"C"闭合（见图 3-1-10）。

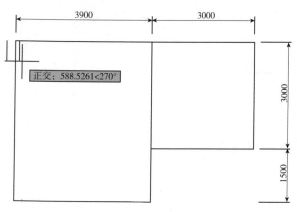

图 3-1-9 轴线尺寸

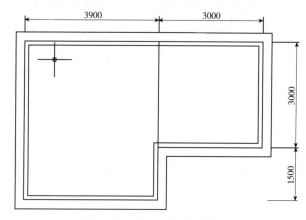

图 3-1-10 370mm 墙体绘制完成

2. 隔墙的绘制

隔墙宽要求为 240mm，操作方法同上，偏移数值为 120，−120 即可，墙体绘制完成（见图 3-1-11）。

3. 多线的编辑

调整接头样式也可使用炸开命令【X】将多线炸开，并使用修剪工具调整接头，编辑平面完成（见图 3-1-12）。

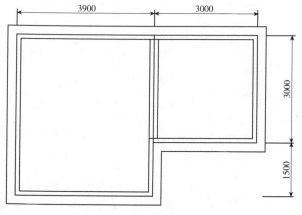

图 3-1-11 240mm 墙体绘制完成

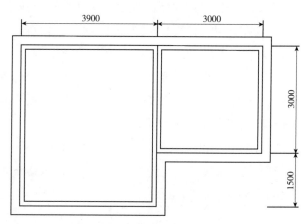

图 3-1-12 建筑墙体轮廓绘制完成

实训思考

1. 绘制 370mm 线时（见图 3-1-9），起点确定后鼠标向下绘制和向右绘制有何不同？

2. 以 240mm 墙宽为例，如果设定绘图比例为默认的"20"不变，你能否通过改变偏移量控制 240mm 宽的多线？如何绘制？

3.1.2　圆环

圆环即填充环形或实体填充圆，相当于闭合的，带有宽度的多段线。圆环包括内径和外径，如果两者相等，圆可形成普通的圆形；如果内径是 0，则圆环就形成实心圆。

1. 命令的启动方法

● 菜单:【绘图】→【圆环】。

● 快捷键: DO（DONUT）。

2. 具体操作

（1）绘制填充环。步骤：输入快捷命令 DO →【回车】；指定圆环的内径值，输入"300"【回车】，指定圆环的外径值，输入"500"【回车】；在视图内单击，指定圆环中心点将得到如图 3-1-13 所示空心圆环。

（2）绘制填充圆。步骤同上，区别在于圆环的内径值处输入 0 即可。

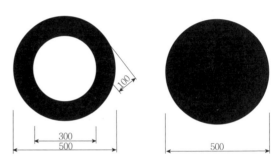

图 3-1-13　绘制空心和实心圆环

3. 填充模式

命令 FILL 填充模式可以控制带有宽度的多段线、图案、二维实体等对象的填充，对于圆环同样适用。通过填充模式的开关可以影响圆环填充样式的显示。

操作如下：绘制完成圆环后，输入 FILL【回车】，OFF【回车】；继续输入重新生成命令 REA【回车】，将得到如图 3-1-14 所示的填充样式。

如果要恢复为原来样式，输入 FILL【回车】，ON【回车】；REA【回车】即可。

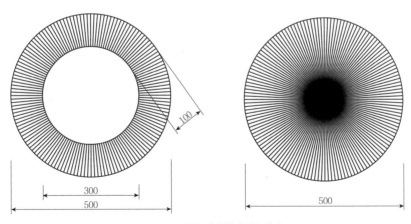

图 3-1-14　圆环填充模式关闭状态

3.1.3　椭圆

1. 命令的启动方法

● 菜单:【绘图】→【椭圆】→【圆心……】（见图 3-1-15）。

● 快捷键: EL（ELLIPSE）→【回车】。

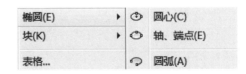

图 3-1-15　绘制椭圆的多种方法

047

● 绘图工具栏：⬭。

2. 具体操作

输入快捷键 EI【回车】；在视图内单击一点，指定椭圆的长轴起点位置；【F8】正交模式打开，光标水平向右移动，输入 200【回车】；指定另一条半轴的长度输入 50【回车】即可，如图 3-1-16 所示的长轴为 200，短轴为 100 的椭圆绘制完成。

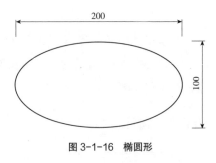

图 3-1-16　椭圆形

3.1.4　椭圆弧

1. 命令的启动方法

● 菜单：【绘图】→【椭圆】→【圆弧】。

● 绘图工具栏：⬭。

2. 具体操作

选择绘制椭圆图标⬭，在视图任意点指定椭圆弧的轴端点，指定轴的另一个端点即输入数值 200【回车】；指定另一条半轴长度输入数值 40【回车】；指定起点角度，如 0【回车】；再指定终止的角度，如 270【回车】；将得到如图 3-1-17 所示椭圆弧。

3.1.5　徒手画线

在绘制园林设计图纸时，有一些需要灵活处理的线条，通过前面提到的命令是不能很方便地完成的，可以通过徒手去绘制来实现。通过徒手画线命令可以画出任意形状，如同我们进行手绘钢笔线条，创建出一系列徒手绘制的线段。

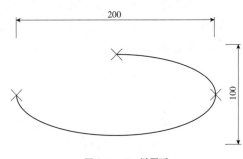

图 3-1-17　椭圆弧

1. 命令的启动方法

● 快捷键：SKETCH →【回车】。

2. 具体操作

（1）插入图片。选择【插入】→【光栅图像参照】，弹出【选择参照文件】对话框，找到树形图片，单击【打开】；在【附着图像】对话框当中，缩放比例和插入点的勾选取消（见图 3-1-18）→【确定】，图片内容插入完成。

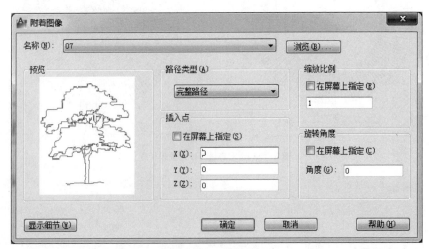

图 3-1-18　附着对象

（2）在命令行输入"SKETCH"命令【回车】，在命令行【增量（I）】处输入记录增量值，即单元小直线的长度，输入 I【回车】，50【回车】；【类型（T）】指手划线类型，包括直线、多段线和样条曲线三种线形，可任意选择线形样式。

（3）左键单击图片的起点，即手绘时的"落笔"（绘画线条的颜色以其他颜色显示），可根据图片的形态进行描绘，如图 3-1-19（a）所示；一整条线描绘完以后，再次单击，即可以"提笔"，如图 3-1-19（b）所示。

（4）再次单击鼠标，可以继续完成树木、树冠的绘图，如图 3-1-19（c）所示。

（5）继续绘制树干和树枝效果，如图 3-1-19（d）所示。

（6）通过回车结束命令，结束命令后，描绘线条显示为原来图层的颜色。树木所描绘线稿，如图 3-1-19（e）所示。

（7）绘制完成后将底图删除或隐藏即可，最后效果如图 3-1-19（f）所示。

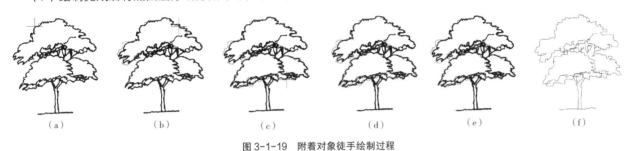

图 3-1-19　附着对象徒手绘制过程
（a）步骤1；（b）步骤2；（c）步骤3；（d）步骤4；（e）步骤5；（f）步骤6

实训 3-2　如图 3-1-20 所示绘制各种树木立面图形

图 3-1-20　树形立面样式
（a）圆锥形；（b）圆锥形；（c）尖塔形；（d）圆锥形；（e）椭圆形；（f）圆柱形；（g）圆球形；（h）垂枝形；
（i）半球形；（j）伞形；（k）椭圆形；（l）圆柱形

3.2　基本编辑工具

3.2.1　移动

移动是在指定的方向上按指定距离移动对象。用来改变物体位置，使物体从一个位置移动到另一个位置。

1.命令的启动方法

● 菜单：【修改】→【移动】。

● 快捷键：M（MOVE）→【回车】。

● 修改工具栏：✥。

2.具体操作

快捷键 M【回车】，左键选择单株树形，如图 3-2-1（a）所示，右击确认；单击一点确定基点位置，鼠标向一侧移动到合适位置并单击完成移动操作，如图 3-2-1（b）所示。也可在移动过程中输入一定距离，将会按照指定的距离移动物体。

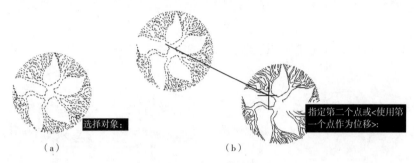

图 3-2-1　移动树形
（a）步骤1；（b）步骤2

完成画面布局。操作方法是输入快捷键 M【回车】，左键框选如图 3-2-2（a）所示的侧立面图，右击确认；单击角点确定基点位置，鼠标向下移动至图框内的关键点位置并单击，结束命令，如图 3-2-2（b）所示。

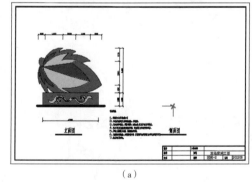
（a）

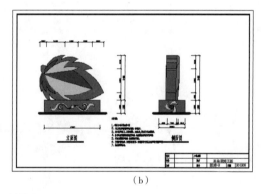
（b）

图 3-2-2　移动物体的方法
（a）步骤1；（b）步骤2

3.2.2　复制

复制是在指定方向上按指定距离复制对象。在绘制图形过程中，对于图形中相同或者相近的对象，不论效果简单还是复杂，只要完成一个或一组，便可以通过复制命令产生若干个副本，便于操作者节省大量的重复工作。

1.命令的启动方法

● 菜单：【修改】→【复制】。

● 快捷键：CO（COPY）→【回车】。

● 修改工具栏：❀。

2.具体操作

（1）复制单个或多个物体。

快捷键 CO【回车】，单击要复制的图形，该图形变为虚线表示被选中，右击确认；图形中心位置单击指定一个基点，移动鼠标至另一点，单击即可复制图形。连续单击可以复制多个物体（见图 3-2-3）。

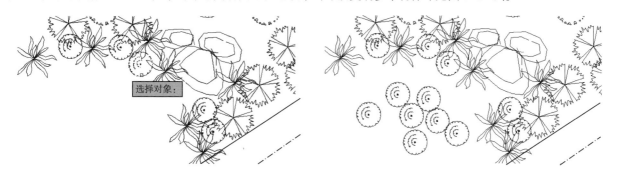

图 3-2-3　复制物体的方法

（2）按距离复制物体。

快捷键 CO【回车】，单击树形，且其变为虚线，右击确认；单击指定一个基点，移动鼠标至右侧，输入 4000 即可复制出距离为 4m 的树形（见图 3-2-4）。依次连续输入 800、1200、1600、…将复制一排树形（见图 3-2-5）。

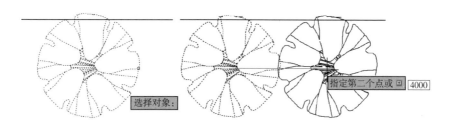

图 3-2-4　按距离复制单个物体的方法

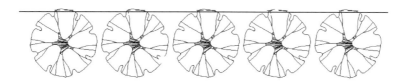

图 3-2-5　按距离复制多个物体的方法

复制还可以实现文件之间的相互复制。操作方法为：在当前视图中选择物体，右击选择【复制】或按住 Ctrl+C，在另外一幅图当中右击选择粘贴或按住快捷键 Ctrl+V，将物体从一幅画面复制至另一个画面操作完成。

实训 3-3　景观树种的绘制（见图 3-2-6）。

3.2.3　镜像

镜像是创建选定对象的镜像副本。可以创建表示半个图形的对象，选择这些对象并沿指定的线进行镜像以创建另一半。

1.命令的启动方法

● 菜单:【修改】→【镜像】。

● 快捷键:MI（MIRROR）→【回车】。

图 3-2-6

● 修改工具栏：。

2. 具体操作

如图 3-2-7 所示以镜像树形为例，输入快捷键 MI【回车】，单击需要镜像的物体如图 3-2-7（a）所示，右击确认，左键在物体一侧任意绘制垂直两点确定法线如图 3-2-7（b）所示【回车】如图 3-2-7（c）所示，保留原始对象；如果输入 y【回车】，可以删除原始对象如图 3-2-7（d）所示。

注意：默认情况下，镜像文字对象时，不更改文字的方向。如果确定要反转文字，请输入 MIRRTEXT【回车】，系统变量设定为 1 即可（见图 3-2-8）。

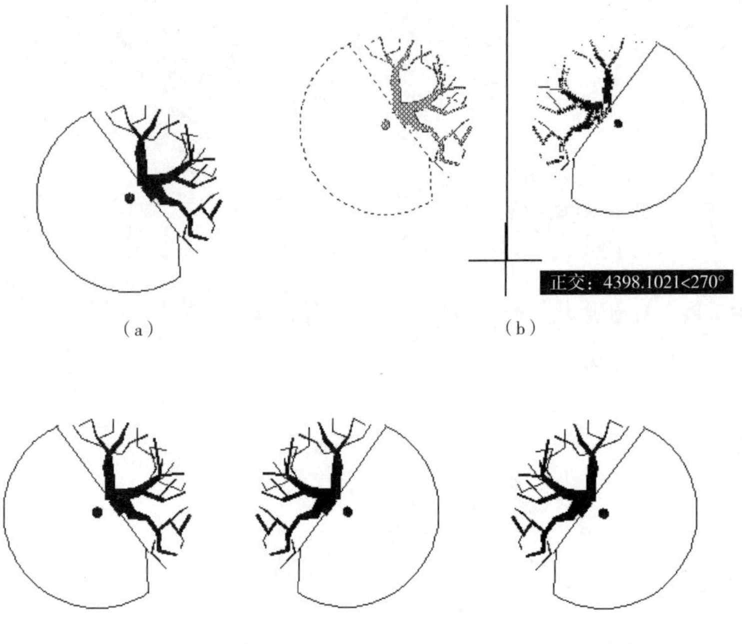

（a）　（b）　（c）　（d）

图 3-2-7　镜像物体的方法

（a）步骤 1；（b）步骤 2；（c）步骤 3；（d）步骤 4

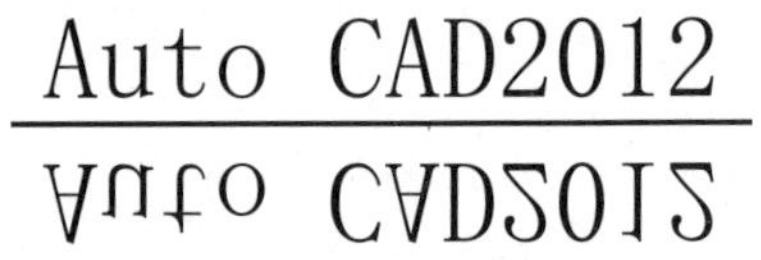

图 3-2-8　镜像文字的方法

3.2.4　旋转

旋转是将对象从指定的角度旋转到新的绝对角度。在指明旋转基点和旋转角度前提下，可以绕指定基点进行物体的旋转。

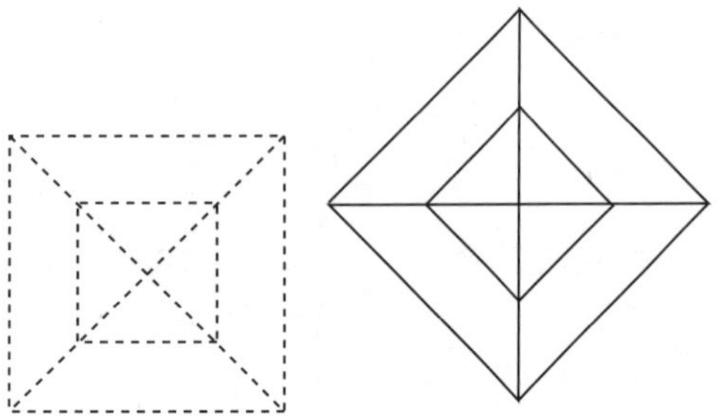

（a）　（b）

图 3-2-9　旋转物体的方法

1. 命令的启动方法

● 菜单：【修改】→【旋转】。

● 快捷键：ROT（ROTATE）→【回车】。

● 修改工具栏：。

2. 具体操作

如图 3-2-9 所示，输入快捷键 RO【回车】，左键点击需要旋转的物体如图 3-2-9（a）所示，右击确认，左键在交叉点位置点击确定为旋转的基点，输入 45【回车】，即可将物体旋转 45° 角如图 3-2-9（b）所示。

3.2.5　拉伸

拉伸是在某个方向上按照指定的尺寸，调整图形大小及位置，操作灵活方便。拉伸窗口包含的部分对象可以进行拉伸。完全包含在选择窗口中的对象或单独选定的对象将会被移动，而不是拉伸。若干对象（例如圆、椭圆和块）无法拉伸。

1. 命令的启动方法

● 菜单：【修改】→【拉伸】。

● 快捷键：S（STRETCH）→【回车】。

● 修改工具栏：▣。

2. 具体操作

● 输入快捷键 S【回车】，自右至左拖动鼠标左键选择图形，不能全部选择（见图 3-2-10），输入需要拉伸的长度，如 100，【回车】结束命令。图形被拉伸变形（见图 3-2-10）。

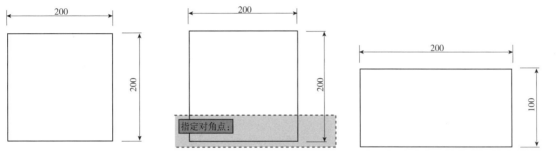

图 3-2-10　拉伸物体的方法

● 如图花架宽度为 2700mm，要求将宽度尺寸改为 3300mm。操作如下：输入快捷键 S【回车】，自右至左拖动鼠标左键选择花架右半侧部分（注：不能全部选择）输入需要拉伸的长度，如 600，【回车】即可，（见图 3-2-11）花架由原来的 2700mm 改为 3300mm。

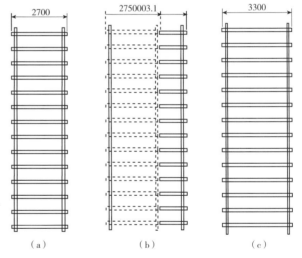

图 3-2-11　拉伸物体的方法
（a）步骤 1；（b）步骤 2；（c）步骤 3

3.2.6　缩放

缩放可以将指定物体以一个基点为中心，在 X、Y 和 Z 轴方向按照统一的比例因子进行适当的放大或缩小。要缩放对象，需要指定基点和比例因子。基点将作为缩放操作的中心，并保持静止。比例因子大于 1 时将放大对象，比例因子介于 0 和 1 之间时将缩小对象。

1. 命令的启动方法

● 菜单：【修改】→【缩放】。

● 快捷键：SC（SCALE）→【回车】。

● 修改工具栏：▣。

2. 具体操作

（1）指定比例因子缩放。

如图 3-2-12（a）所示中有两个等大的树形，要求将下方树形缩放 1 倍，方法如下：输入快捷键 SC【回车】，单击要缩放的物体如图 3-2-12（b）所示，右击确定，单击中心确定缩放基点，输入 0.5【回车】，如图 3-2-12（c）所示，图形缩小 1 倍操作完成（见图 3-2-12）。如果要放大一倍，可以输入 2，放大三倍，输入 3 即可。

（2）参照方式缩放。

已知如图 3-2-13（a）所示 a 物体边长为 20，b 物体比 a 物体小，要求将两物体调为等大小。方法如下：快捷键 SC【回车】，单击 b 物体边缘，右键确认，单击 b 物体左上角为基点，输入 R（参照）【回车】，单击 b 物体上面边的两个端点，输入 a 物体的边长 20 即可，如图 3-2-13（c）所示，两个物体被调为相同大小（见图 3-2-13）。

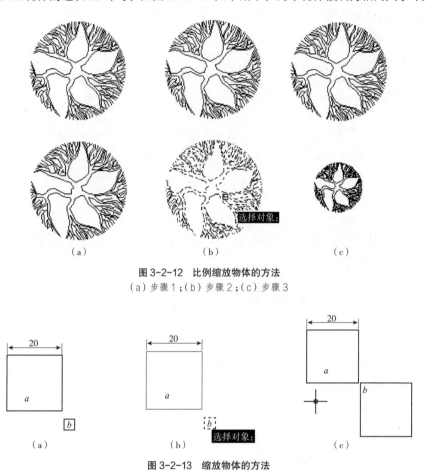

（a）　　　　　　　　　（b）　　　　　　　　　（c）

图 3-2-12　比例缩放物体的方法
（a）步骤 1；（b）步骤 2；（c）步骤 3

图 3-2-13　缩放物体的方法
（a）步骤 1；（b）步骤 2；（c）步骤 3

参照长度：输入一个长度值作为参照长度，也可用鼠标单击两点确定，两点连线长度即为参照长度。

3.2.7　分解

分解也称作炸开命令。

1. 命令的启动方法

● 菜单:【修改】→【分解】。

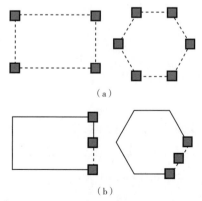

（a）

（b）

图 3-2-14　栏选删除物体的方法
（a）步骤 1；（b）步骤 2

● 快捷键:X（EXPLODE）→【回车】。

● 修改工具栏: 。

2. 具体操作

输入快捷命令 X →【回车】；单击需要炸开的物体，如图 3-2-14（a）所示，右击确认即可，物体变为单独的图形对象，如图 3-2-14（b）所示。

可以将物体如矩形、多边形、标注、填充等内容分解成单独的对象，便于对局部进行操作。但是部分物体一旦被炸开，不可以再复原。

实训 3-4　按照所标注尺寸，绘制花架的平面和立面图（见图 3-2-15、图 3-2-16）。

实训 3-5　伸缩门的绘制。

高度为 1m，其他尺寸自定（思考：除了镜像、复制，是否还有其他工具可以编辑该图？）（见图 3-2-17 ）。

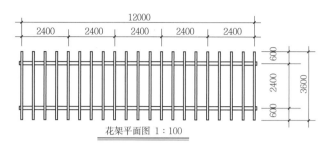

花架平面图 1：100

图 3-2-15 花架平面图

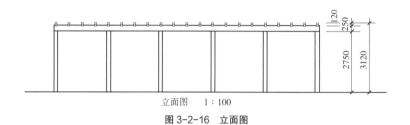

立面图 1：100

图 3-2-16 立面图

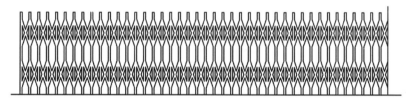

图 3-2-17 伸缩门立面

实训 3-6 根据标注尺寸绘制座椅平面图（见图 3-2-18 ）。

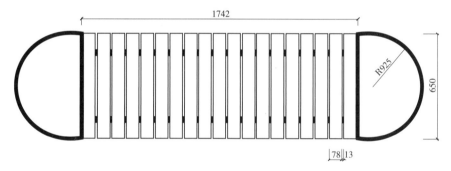

图 3-2-18 座椅平面图

实训 3-7 快速绘制 2 号图框，建议使用复制、旋转并移动工具，同时注意线宽变化（见图 3-2-19 ）。

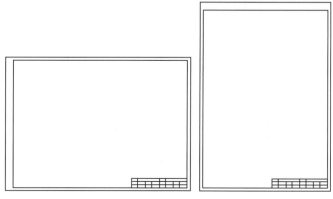

图 3-2-19 2 号图框

3.3　大门方案平立面图绘制

该图忽略环境设置、图层、标注，仅用已学会命令进行逐步绘制，目的是对已学知识巩固，同时对于绘制建筑图形起到入门的作用。

3.3.1　平面图绘制

（1）绘制定位轴线。【F8】正交模式打开，直线命令绘制水平、垂直轴线，使用偏移命令根据提供尺寸把其他轴线偏移出来（见图3-3-1）。

（2）多线命令设置多线样式，可命名为"240"，墙厚设置为240mm；捕捉功能注意交叉点等打开，以便能够精确捕捉到交叉点；按照轴线点绘制墙体（见图3-3-2）。

（3）绘制门窗洞口位置，并绘制门窗和柱体（见图3-3-3）。门宽度为900mm，柱体直径为400mm。

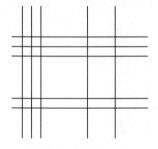

图3-3-1　绘制定位轴线

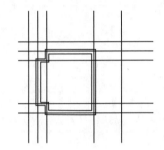

图3-3-2　绘制墙体

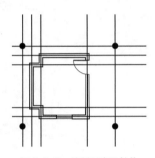

图3-3-3　绘制门窗及柱体

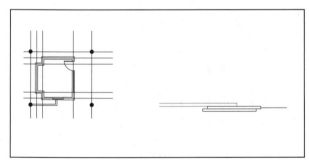

图3-3-4　绘制门窗花池及大门

（4）绘制花池及大门平面（见图3-3-4），花池池壁厚度为100mm，大门墙厚400mm。

3.3.2　立面图绘制

（1）绘制地平线，并自平面图引垂线，绘制立面垂直尺寸。主体建筑按照标高绘制出外轮廓图形（见图3-3-5），屋顶倒角为500mm，花池高度自地平线测量高度为500mm。

（2）绘制立面圆形窗户，伸缩门、围栏及景观树，框架基本绘制完成（见图3-3-6）。

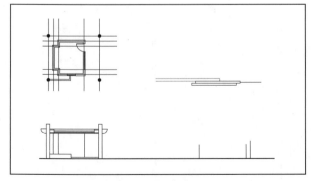

图3-3-5　绘制立面图

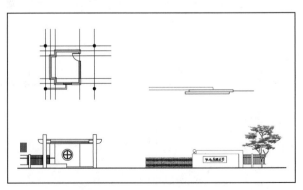

图3-3-6　绘制立面图围墙

3.3.3 整体后期处理

（1）输入文字，标注尺寸（见图 3-3-7）。

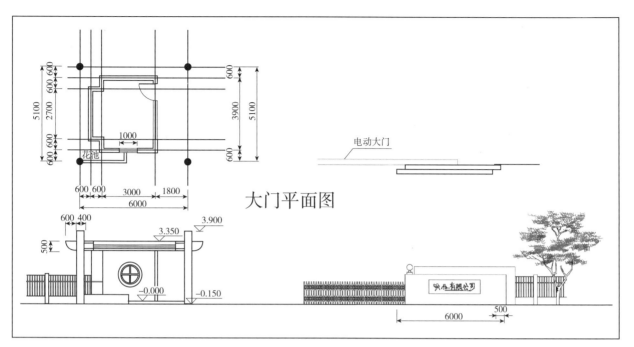

图 3-3-7　输入文字、标注尺寸

（2）调整线型、线宽，加图框，绘制完成（见图 3-3-8、图 3-3-9）。

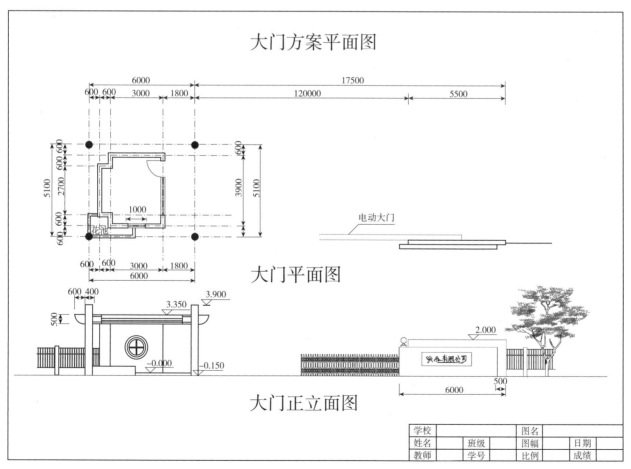

图 3-3-8　调整线型，加图框绘制完成

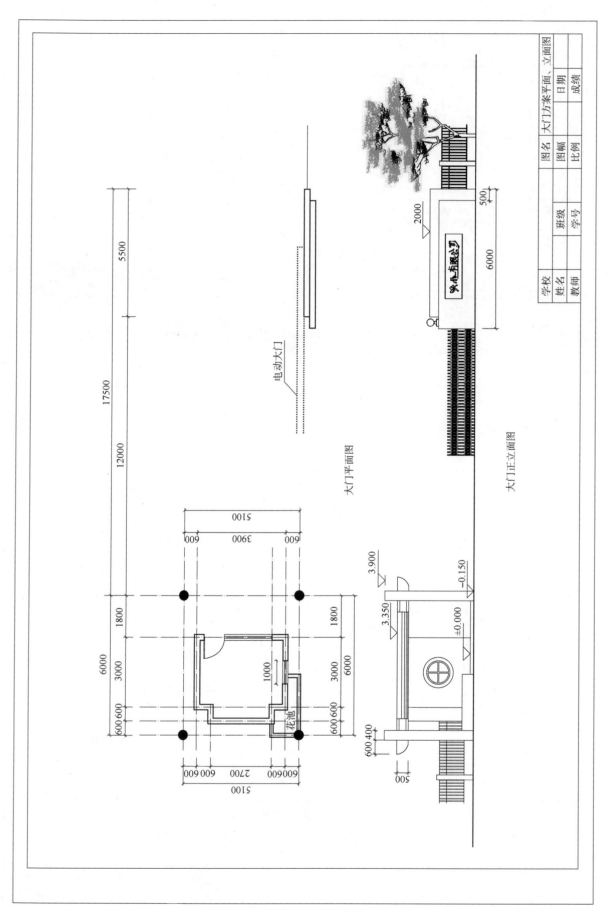

大门平面图

大门正立面图

图 3-3-9　放大图效果

第 4 章　图层在园林设计中的应用

4.1　图层概述

　　图层在 AutoCAD 软件中的功能非常强大，绘制园林图过程中，道路、建筑等每一种园林要素都要单独管理，就如同一个文件夹中的各个不同的文件，每一种要素都具有自身的特性，包括颜色、线型和线宽等。为了方便绘图及文件的交流与修改，加强绘图的准确性，这就需要对图形进行合理的分层管理。本章主要介绍图层及特性工具栏相关的内容（见图 4-1-1）、图层设置的方法等。

图 4-1-1　图层及对象特性工具栏

4.1.1　图层的概念

　　图层是图形中使用的主要组织工具，相当于绘图中使用的透明且重叠图纸或玻璃。绘图时分别在每一层上按照功能分类绘制各要素，以及执行线型、颜色及其他标准，然后将多层进行重叠，最后合成一张图便可以形成完整的画面（见图 4-1-2）。

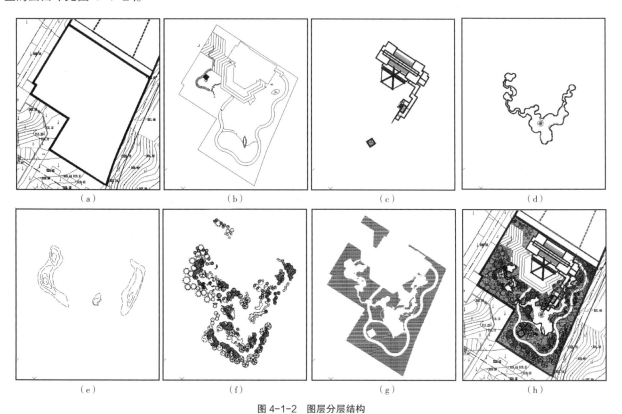

|（a）|（b）|（c）|（d）|
|（e）|（f）|（g）|（h）|

图 4-1-2　图层分层结构
（a）周边环境图层；（b）设计道路图层；（c）设计建筑图层；（d）设计水体图层；（e）微地形图层；
（f）植物图层；（g）填充草坪图层；（h）多层重叠后显示整体效果

　　在对所绘图形进行修改时可以单独对每一层进行单独管理。虽然前面没有接触图层的概念，但是用户已经在使用了 AutoCAD 2014 所提供的默认图层"0"层。

图层的应用很重要，正确理解图层的概念有助于设置并管理图层。图层具有重命名、关闭（打开）、冻结（解冻）、锁定（解锁）等特性。可根据需要设置若干图层，但绘图和编辑等操作都是在当前的图层上进行的。图层本身具有颜色、线型和线宽，将不同特性的对象放在不同的图层上以便于对图形进行管理和输出。

4.1.2 图层的分类及性质

1.图层分类

可以采用两种方法：一是按照图形的特征进行分类，如粗线、中线、细线、点划线和虚线等。二是按照园林要素的内容来进行分类，如道路、建筑、植物和水体等。对于园林图纸按照园林要素进行分类，设计者可以根据所绘图纸的内容与要求，设置和选用不同的图层、线型、线宽和颜色来分别绘制，如图 4-1-3 所示图层是按照园林要素进行分类的。

在绘图时，应先创建几个图层，每个图层设置不同的颜色、线宽和线型。例如，创建一个用于绘制中心轴线的图层，并为该图层指定红色默认线宽和默认线型；创建一个用于绘制虚线的图层，并为该图层指定蓝色和默认线型；创建一个用于注写尺寸和文本的图层，并为该图层指定黄色和默认线型。在绘制和编辑过程中，可以随时切换图层绘图，而无需在每次绘制某种图线时去设置线型和颜色。如果不想显示或输出图形中的某些内容，则可以关闭其对应的图层。

状态	名称	开	冻结	锁定	颜色	线型	线宽	透明度	打印...	打.	新.	说明
	0				■白	Continuous	默认	0	Color_7			
	01底图				■98	Continuous	默认	0	Color...			
	02道路				■白	Continuous	0.25 毫米	0	Color_7			
✓	03建筑				■白	Continuous	默认	0	Color_7			
	03栈道				■24	Continuous	0.30 毫米	0	Color...			
	05水体				■174	Continuous	默认	0	Color...			
	06微地形				■252	ACAD_ISO02W100	默认	0	Color...			
	072植物				■106	Continuous	默认	0	Color...			
	07植物				■104	Continuous	默认	0	Color...			
	07植物灌木层				■106	Continuous	默认	0	Color...			
	07植物乔木层				■98	Continuous	默认	0	Color...			
	07植物水生植物				■94	Continuous	默认	0	Color...			
	08植物填充				■72	Continuous	默认	0	Color...			

图 4-1-3 图层的分类样式

园林设计师在进行绿地设计时，需要利用其设计完的绿地平面图和节点中的部分内容，只需打开绿地相关的图层即可继续进行设计。由于 AutoCAD 为用户提供了非常有用的图层，使得设计师在进行园林、建筑等设计时，能很好地利用设计的继承性。

2.图层的性质

（1）每个图层都赋予一个名称，其中默认的"0"层是 AutoCAD 自定义的，其余的图层则可以根据需要重新定义。

（2）使用的图层数量不受限制，但不要过多够用即可。每个图层容纳的对象数量不受限制。

（3）图层本身具有颜色、线宽和线型，可以使用图层的颜色、线宽和线型绘图，也可以使用不同于图层的线型、线宽和颜色进行绘图。

（4）图层具有关闭（打开）、冻结（解冻）、锁定（解锁）等特性，可以改变图层的状态。有关图层的各种特性，结合图层对话框，会在后面进行详细介绍。

4.2 图层的创建与设置

创建新图层以及对图层的其他操作主要在【图层特性管理器】对话框中进行。

图层特性管理器显示了图形中的图层列表及其特性。可以添加、删除和重命名图层，更改图层特性，设置布局视口的特性替代或添加图层说明并实时应用这些更改。无需单击"确定"或"应用"即可查看特性更改。图层过滤器控制将在列表中显示的图层，也可以用于同时更改多个图层。

命令的启动如下：

● 菜单：【格式】→【图层】。

● 快捷键：LA（LAYER）→【回车】。

● 特性工具栏：绪。

执行命令后，弹出如图 4-2-1 所示的【图层特性管理器】对话框。常用图标如图 4-2-2 所示。

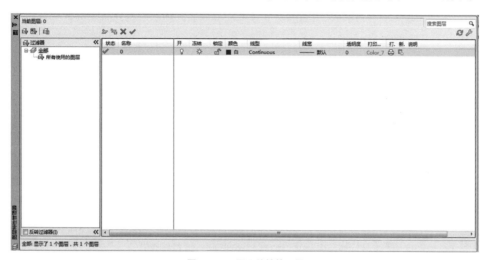

图 4-2-1　图层特性管理器

图 4-2-2　常用图标详解

4.2.1　创建和设置图层

1. 新建图层

● 快捷键：ALT+N。

● 图层特性管理器：绪。

输入快捷键 LA（LAYER）→【回车】，打开【图层特性管理器】对话框，单击绪"新建"按钮，新图层将用临时名字"图层 1"显示在图层列表中，也可输入新的图层名，"图层 1"创建完成。要创建多个图层，可依次单击"新建"按钮，将新建多个图层（见图 4-2-3）。

状态	名称	开	冻结	锁定	颜色	线型	线宽	透明度	打印...	打.	新.	说明
✓	0	♀	☼	🔓	■白	Continuous	——默认	0	Color_7	🖨	🗒	
⬦	图层1	♀	☼	🔓	■白	Continuous	——默认	0	Color_7	🖨	🗒	
⬦	图层2	♀	☼	🔓	■白	Continuous	——默认	0	Color_7	🖨	🗒	
⬦	图层3	♀	☼	🔓	■白	Continuous	——默认	0	Color_7	🖨	🗒	
⬦	图层4	♀	☼	🔓	■白	Continuous	——默认	0		🖨	🗒	

图 4-2-3　新建多个图层

名称用于标识图层，如名字可以为建筑、道路和草坪等。在图层名字位置单击，待文本框显示为可编辑状态，即可进行名字的修改。

2. 在所有视口中都被冻结的新图层视口

- 图层特性管理器：▦。
- 创建新图层，然后在所有现有布局视口中将其冻结，也可以在"模型"或"布局"选项卡上单击此按钮。

3. 删除图层

- 快捷键：ALT+D。
- 图层特性管理器：✕。

"删除"按钮用于删除选中的图层，但只能删除未被参照的图层。有部分图层不在删除范围之内，如图层0、包含对象的图层（包含块定义中的对象）、当前图层和依赖外部参照的图层都不能被删除，标注后系统自动产生的DEFPOINTS图层也不能被删除。

4. 置为当前

- 快捷键：ALT+C。
- 图层特性管理器：✔。
- 图层名称位置双击。

"置为当前"用于将选定的图层设定为当前层，当前图层只有一个。图形必须要在当前图层上绘制，如果当前图层为图层1，绘制的图形会显示在图层1上，但编辑可以在当前和其他图层上进行。

绘制和编辑图形总是在当前图层上进行。若想在某一图层上绘图，必须将该图层设置为当前层。新创建的对象具有上个图层的颜色和线型，被冻结的图层或依赖外部参照的图层不能置为当前图层。

将其他已经建立的图层置为当前，还可以通过【图层】工具栏的"图层控制"下拉列表框中选择要置为当前的图层（见图4-2-4）。

图4-2-4 "图层控制"下拉列表框中置为当前层

4.2.2 管理图层

【图层特性管理器】对话框中，可以很好的对图层进行管理，可以更改图层的状态，如"打开和关闭""冻结和解冻""锁定与解锁"。

1. 打开和关闭图层

图层可以打开和关闭两种状态。单击♀，可以转换图层的开关状态。图标显示为♀表示已关闭状态。反之图层为打开状态。当图标显示为关闭状态时，该图层上的物体将被隐藏，此时该图层的物体不能被显示或打印输出。

如果绘制的图形较复杂（例如园林绿地平面图），而某些图层上的对象不想输出（如填充内容或轴线），则可以关闭相应的图层，但当前层不能关闭。

2. 冻结和解冻图层

用于打开或关闭图层的冻结状态。单击☀，可以转换冻结开关状态。当图标显示为❀冻结状态时，该图层上的物体将被冻结。

图层被冻结后，该层上的对象同关闭层上的对象一样是不可见的，也无法对其进行编辑，同样不能输出打印。图层冻结与关闭的区别在于，AutoCAD对冻结层上的对象不进行交换显示运算，而对关闭层上的对象则相反，所以冻结图层节省了系统计算时间。

如果某些图层上有大量的对象，并且暂时不用它们，最好将这些层冻结，这样当多次使用含有重新生成功能的命令时，会节省许多时间。如果仅是为了便于图形编辑，希望某些图层上的对象不可见，关闭这些图层也可以。用户不能冻结当前层，也不能将冻结层设置为当前层。

3. 锁定和解锁图层

用于锁定或解锁当前图层。单击 🔓，该图层将转换为锁定状态，此时图标会显示为 🔒 锁定状态。图层被锁定后可以显示图层内容，但无法编辑锁定在图层上的对象。锁定图层的目的是防止误删和误改。可以将锁定层设置为当前层。

4.2.3 图层特性的设置

1. 创建和设置图层的颜色

用于区别各元素。单击"颜色"图标，弹出【选择颜色】对话框，可以单击任意色块，从中选择颜色。也可以在"真彩色"栏和"配色系统"栏内选择更多的颜色（见图 4-2-5）。

图 4-2-5　选择颜色对话框

图层的颜色可以用数字表示，分别为从 1 到 255 的整数。1 号至 9 号称为标准色，为红、黄、绿、青、蓝、品及灰色等 9 种颜色（见图 4-2-6），其中 7 号颜色为常用的黑色。从 250 号至 255 号为灰色系（见图 4-2-7）。也可以通过"颜色"栏输入颜色号来确定颜色的样式。

在随层（Bylayer）状态下绘图所使用的颜色为【图层特性管理器】当中设置的该图层的颜色，如果该图层上的图形要求为两种颜色以上，则要使用"颜色控制"下拉列表框中选择颜色。对于已绘制完的图形可以先进行选择，然后通过列表单独修改颜色（见图 4-2-8）。

如果要使用图层的颜色绘图，从【对象特性】工具栏的【颜色控制】框中，选择"随层"项即可。

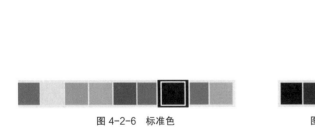

图 4-2-6　标准色　　　　　　　　　　　　图 4-2-7　灰色系　　　　　　　　图 4-2-8　颜色控制列表

2. 设置图层的线型

线型用于指定线的类型，如实线、虚线和点画线等。

（1）加载线型。在绘图过程中，经常会遇见应用点划线、虚线和实线等各种不同的线型样式，在 AutoCAD 图层特性管理器中提供了多种线型文件，其中 acadiso.lin 文件在系统启动后会自动加载。而要使用其他线型，必须先进行加载。

加载线型的操作如下：在【图层特性管理器】对话框中，单击线型默认状态"Continuous"，弹出【选择线型】对话框（见图 4-2-9），单击【加载】按钮，弹出【加载或重载线型】对话框（见图 4-2-10），从可用线型列表中选择一种线型（例如选择 ACAD_ISO02W100），单击【确定】按钮，返回到【选择线型】对话框，拾取刚加载的 ACAD_ISO02W100 线型，【确定】，即可为所选图层指定线型，绘制效果如图（见图 4-2-11）。

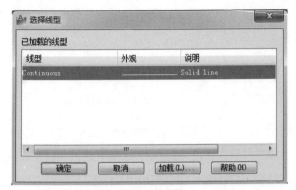

图 4-2-9　选择线型对话框

图 4-2-10　加载或重载线型对话框

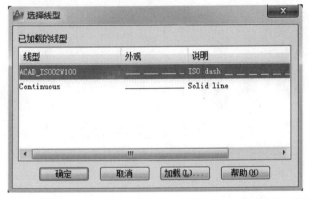

图 4-2-11　选择线型加载的线型并绘制

另外，可以通过【对象特性】设定线型。在特性工具栏上选择【线型控制】下拉列表框中选择"其他"选项（见图 4-2-12），【线型管理器】对话框中，单击【加载】按钮（见图 4-2-13）。在弹出【加载或重载线型】对话框，从可用线型列表中选择一种线型（例如选择"CENTER"）（见图 4-2-14），单击【确定】按钮，返回到【线型管理器】对话框，拾取刚加载的"CENTER"线型（见图 4-2-15），【确定】，即可为所选图层指定线型。在特性工具栏上选择【线型控制】下拉列表框中选择"CENTER"选项，绘图效果如图 4-2-16 所示。

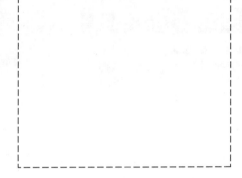

图 4-2-12　线型控制下拉列表

图 4-2-13　线型管理对话框

（2）调整线型样式。在特性工具栏上选择【线型控制】下拉列表框中选择刚定义的线型样式 ACAD_ISO02W100 或加载的其他线型样式（见图 4-2-17），图形将随之变为新线型样式（前提是选中要修改线型的图形）。

（3）调整线型的比例。在 AutoCAD 定义的各种线型中，除了 CONTINUOUS 线型外，每种线型都是由线段、空格、点或文本所构成的序列。设置的绘图界限与缺省的绘图界限差别较大时，在屏幕上显示或输出的线型会不符合园林制图的要求，此时需要调整线型比例。

图 4-2-14　加载或重载线型对话框

图 4-2-15　线型管理对话框

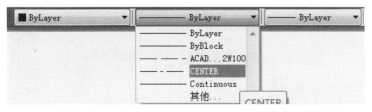

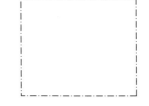

图 4-2-16　选择加载的线型并绘制

● 菜单：【格式】→【线型】。

● 快捷键：LT（LINETYPE）→【回车】。

在【线型管理器】中单击右上角的【显示细节】按钮，将显示【详细信息】选项（见图 4-2-18）。

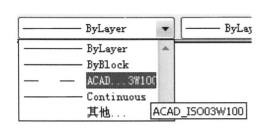

图 4-2-17　选择新线型样式

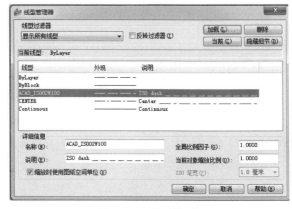

图 4-2-18　线型管理器

【详细信息】栏内有"全局比例因子"和"当前对象缩放比例"调整线型比例。

"全局比例因子"可以调整新建和现有对象的线型比例（"全局比例因子"快捷键为 LTS）。如图 4-2-19（a）、图 4-2-19（b）、图 4-2-19（c）所示分别显示了线型比例分别为 1、2 和 3 的结果。

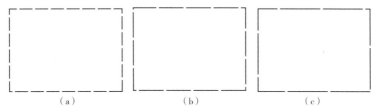

（a）　　　　　　　　　　（b）　　　　　　　　　　（c）

图 4-2-19　"全局比例因子"变化比例显示结果
（a）线型比例 1；（b）线型比例 2；（c）线型比例 3

图 4-2-20 "当前对象缩放比例"与"全局比例因子"调整比较

"当前对象缩放比例"调整新建对象的线型比例。图 4-2-20 中左侧矩形显示了"全局比例因子"为 1，右侧矩形显示当前对象缩放比例改为 3 后的结果，注意右侧图形要在修改完数值后新绘制。

3. 设置图层的线宽

线宽用于指定线的宽度。AutoCAD 为用户提供了"线宽"功能，利用它可以在屏幕显示或打印输出时控制图形的线宽。制图时将图线的不同线宽值赋予不同的图层，很容易区分实体中各部分结构。

（1）设置图层线宽。

● 菜单：【格式】→【线宽】。

●【图层特性管理器】对话框中单击【线宽】。

●【对象特性】工具栏的【线宽控制】。

弹出"线宽"对话框，如图 4-2-21 所示三种不同样式，可根据需要任意选择相应的线宽。

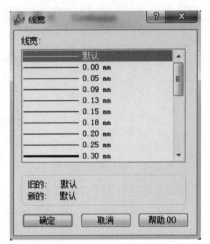

图 4-2-21 线宽设置对话框

如图 4-2-21 所示，移动"调整显示比例"栏中的游标，可设置模型空间的显示比例。"线宽"列表框列出了一系列供选择的线宽值。"列出单位"栏用于设置线宽的单位，包括"毫米"和"英寸"。当前默认线宽为 0.25mm。

（2）显示图层线宽。在调整完图层线宽以后，物体的宽度不会直接显示在屏幕当中，而且线宽在模型空间和图纸空间的显示效果并不相同。它在模型空间是以像素显示的，而在布局空间则是以精确的打印宽度进行显示的。

可以采用单击屏幕左下角的"状态栏"内【线宽】按钮显示线宽即可。【线宽】按钮关闭，屏幕不会显示宽度变化；【线宽】按钮开启，线条粗细会产生调整后的变化（见图 4-2-22）。

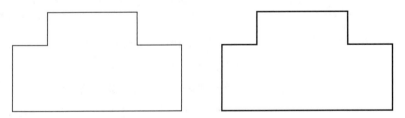

图 4-2-22 "线宽"显示前后线条宽度比较

4.2.4 对象特性编辑

每个对象都有相关的特性，如所在图层、颜色、线型、线宽、字体样式等，有些特性是共有的，有些是某些对象专有的，按照这些对象特性都可以进行编辑修改。主要使用的特性编辑命令有：▦ PROPERTIES、▦ MATCHPROP 和 ▦ SETBYLAYER 等。

1. 特性

特性主要控制现有对象的特性。选择多个对象时，仅显示所有选定对象的公共特性。未选定任何对象时，仅显示常规特性的当前设置（见图4-2-23）。

命令的启动：

● 菜单：【修改】→【特性】。

● 快捷键：CTRL+1。

● 标准工具栏：📖。

● 快捷菜单：选择要查看或修改其特性的对象，在绘图区单击右键，选择"特性"。

2. 特性匹配

（1）命令的启动：

● 菜单：【修改】→【特性匹配】。

● 快捷键：MA（MATCHPROP）→【回车】。

● 标准工具栏：📖。

（2）具体操作：

输入快捷键MA →【回车】，拾取框拾取源对象，拾取框变为笔刷样式后选择目标对象，即可改变图层的特性（见图4-2-24）。

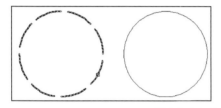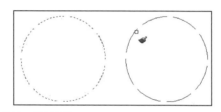

图 4-2-24　修改特性工具的使用

其特点是将选定对象的特性应用于其他对象。修改特性工具使用特别广泛，可应用的特性类型包含颜色、图层、线型、线型比例、线宽、打印样式、透明度和其他指定的特性。

图 4-2-25　"SetByLayer 设置"对话框

3. 更改为 ByLayer

将选定对象的特性替代更改为"ByLayer"。将非锁定图层上选定对象和插入块的颜色、线型、线宽、材质和打印样式和透明度的特性替代更改为"ByLayer"。

如果输入"S"则显示"Set ByLayer 设置"对话框，从中可以指定设置为"ByLayer"的对象特性（见图4-2-25）。命令的启动如下：

● 菜单：【修改】→【更改为 ByLayer】。

● 标准工具栏：📖。

4.3　二维绘图及编辑工具

4.3.1　绘制点

点是图形对象的基本要素，点可以作为捕捉对象的节点。单点、多点绘制与等分也是最常用的命令（见

图 4-2-23　"特性"选项板

图 4-3-1 点的类型

图 4-3-1)。

1. 设置点样式

● 菜单:【格式】→【点样式】。

● 命令行:ddptype →【回车】。

AutoCAD 为用户提供了 20 种不同样式的点,可以任意选择;点大小可以"相对于屏幕设置大小",也可以"按绝对单位设置大小"(见图 4-3-2)。

2. 绘制单个点

● 菜单:【绘图】→【点】→【单点】。

● 快捷键:PO(point)→【回车】。

执行一次命令只能绘制一个点。输入快捷键"PO"回车,点击视图即可创建单个点(见图 4-3-3)。可以设置点样式,可以用不同形式显示点。

3. 绘制多个点

● 菜单:【绘图】→【点】→【多点】。

● 绘图工具栏: ▪ 。

执行一次命令后可以绘制多个点(见图 4-3-4),【Esc】键可结束命令。

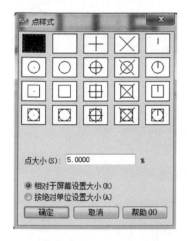

图 4-3-2 "点样式"对话框

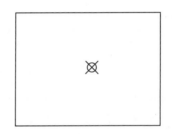

图 4-3-3 单个点效果

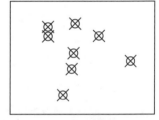

图 4-3-4 多个点效果

4. 定数等分

将点对象或块对象沿着对象样式按数量等距离分布。

● 菜单:【绘图】→【点】→【定数等分】。

● 快捷键:DIV(DIVIDE)→【回车】。

输入快捷键"DIV"回车,点击要定数等分的对象,输入要等分的线段数目,如"6"【回车】,画面图形将被 5 个节点等分成 6 段,如图 4-3-5 所示。

5. 定距等分

将指定的对象按照准确的长度等分。但由于总长与指定对象不完全成倍数,所以定距等分会出现剩余线段。

● 菜单:【绘图】→【点】→【定距等分】。

● 快捷键:ME(MEASURE)→【回车】。

输入快捷键"ME"回车,点击要定数等分的对象,输入要等分的距离,如"300"【回车】,画面图形将被分成多段,自左至右线段是等距离的,最右侧是由于线段不能整除所剩余的部分,如图 4-3-6 所示。

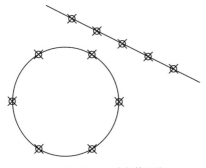

图 4-3-5　定数等分效果

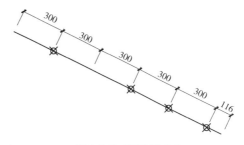

图 4-3-6　定距等分效果

实训 4-1　绘制植物图例样式。

1. 新建文件，命名"植物图例"；绘制一圆形，设置对象捕捉为"中心点"捕捉；"点样式"对话框将点大小设置"0.5"（见图 4-3-7），【回车】；回到绘图界面，单击圆心，如图 4-3-8 所示。

2. 输入 DIV 定数等分【回车】，选取要分割的"圆"【回车】，"分割段数"为6【回车】（见图 4-3-9）。

3. 向外偏移同心圆，延伸小圆半径，以圆心起始点向大圆绘制直线与弧线；运用镜像、剪切和删除等命令继续绘制如图 4-3-10 所示效果。

4. 等分"半径"，利用等分点绘制线段，如图 4-3-11 所示效果。运用镜像命令完成局部绘制。运用环形矩阵完成整个图例的绘制，如图 4-3-12 所示。

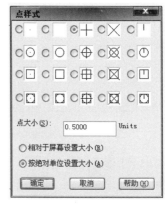

图 4-3-7　点样式的调整

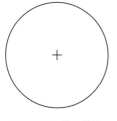

图 4-3-8　圆心效果

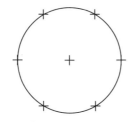

图 4-3-9　等分圆的边界

图 4-3-10　绘制如图效果

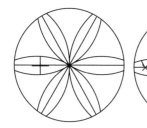

图 4-3-11　加细树形

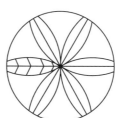

图 4-3-12　完成树形

4.3.2　多边形

创建等边闭合的多段线。多边形为比较常见的闭合图形，由 3 条至 1024 条长度相等的线段组成，应用比较广泛。

1. 命令的启动方法

● 菜单：【绘图】→【多边形】。

● 快捷键：POL（POLYGON）→【回车】。

● 绘图工具栏：⬠。

2.具体操作

（1）普通多边形。输入快捷键POL→【回车】；输入多边形的侧面数，例如3【回车】；E【回车】，在视图内指定一点并拖动鼠标，输入边长，例如300mm【回车】，即可以绘制出边长为600mm的正三角形（见图4-3-13）。

多边形边数的多少决定了其的样式，边数越多越接近圆形，也就越圆滑；通过改变夹点的位置，可以使多边形进一步改变样式（见图4-3-14）。

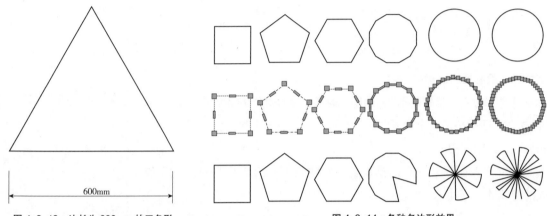

图4-3-13　边长为600mm的三角形　　　　　　　图4-3-14　各种多边形效果

（2）内接于圆多边形。即指定外接圆的半径，正多边形的所有顶点都在此圆周上。操作方法：确定已知圆形，输入快捷键POL→【回车】；输入多边形的侧面数，如8【回车】；单击圆心点位置，指定正多边形的圆心（见图4-3-15）；输入I【回车】选定内接于圆；输入垂直捕捉快捷键PER【回车】，在圆180°位置出现垂直捕捉符号，点击捕捉垂直点即可指定圆的半径，内接于圆的八边形绘制完成（见图4-3-16）。

（3）外切于圆多边形。操作方法：确定已知圆形，输入快捷键POL→【回车】；输入多边形的边数，如：6【回车】；单击圆心点位置，指定外切于圆的圆心；输入C【回车】选定外切于；输入PER【回车】，捕捉垂直点即可，外切于圆的六边形绘制完成（见图4-3-17）。

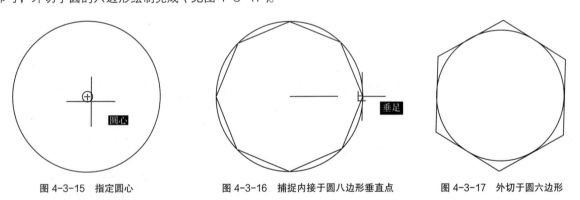

图4-3-15　指定圆心　　　　图4-3-16　捕捉内接于圆八边形垂直点　　　　图4-3-17　外切于圆六边形

实训4-2　按照提示创建样板（见图4-3-18），文件名为"样板01.dwt"，并使用该样板绘制如图4-3-19所示六角亭平面图（标注除外）。

状态	名称	开	冻结	锁定	颜色	线型	线宽
✓	0				■白	Continuous	—— 默认
	1图框				■白	Continuous	—— 默认
	2粗实线				■白	Continuous	■■ 0.90毫米
	3细实线				■白	Continuous	—— 默认
	4虚线				■253	ACAD_ISO02W100	—— 默认
	5点划线				■253	CENTER	—— 默认
	6尺寸标注				■绿	Continuous	—— 默认
	7文字				■白	Continuous	—— 默认

图4-3-18　图层样式

4.3.3 多段线的绘制与编辑修改

多段线是由直线段和圆弧段组成的单个对象。多段线作为单个对象创建的相互连接的序列线段，在同一条线段中，可以包含直线段、弧线段，或两者都包括在内。

与单一的直线相比，多段线占有一定的优势，比如多段线是条连续不断的整线；多段线可以绘制弧线；它提供了单个直线所不具备的编辑功能，用户可以根据需要分别编辑每条线段、设置各线段的宽度、使各线段的始末端点具有不同的线宽以及封闭、打开多段线等。

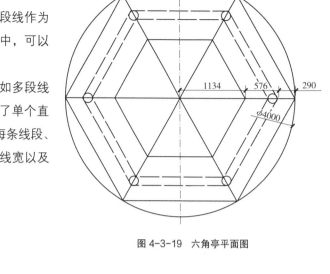

图 4-3-19　六角亭平面图

1. 启动多段线

● 菜单：【绘图】→【多段线】。

● 快捷键：PL（PLINE）→【回车】。

● 特性工具栏：。

2. 绘制多段线

（1）绘制连续不断的线。

输入快捷键PL【回车】，单击确定 a 点，可以继续单击依次绘制 b、c、d 点，【回车】可完成多段线的绘制，如图 4-3-20（a）所示；单击该线段可看出整条多段线都被选择上如图 4-3-20（b），说明是呈连续不断的线。

若要绘制闭合的多段线，点击到最后一点，输入【C】键，可闭合多段线。

（2）绘制带有弧度的多段线。

输入快捷键PL【回车】，确定起点，输入 A 键【回车】，移动鼠标至合适弧度点击视图确定第二点，第一段弧度绘制完成；继续移动鼠标至合适弧度单击视图确定第三点，第二段弧度绘制完成；【回车】结束命令，输入 O 键【回车】，可以偏移一定距离，得到平行效果，如图 4-3-21 所示效果（曲线道路可用此方法表达）。

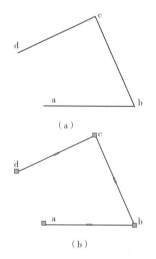

图 4-3-20　多段线效果
（a）绘制状态；（b）单击状态

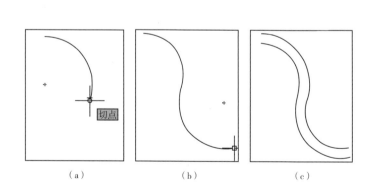

图 4-3-21　多段线弧度效果
（a）第一段弧度；（b）第二段弧度；（c）偏移平行多段线

（3）绘制弧度和直线为一体的多段线。

打开【F8】正交模式；输入快捷键PL【回车】，确定起点，默认为直线，单击线的另一端点或输入线段长度，如 1000【回车】如图 4-3-22（a）所示；

命令行输入 A 回车，鼠标向下移动，显示圆弧状态，输入数值 500【回车】，即可形成半圆弧效果；若继续绘制弧度，可以继续向下移动鼠标，输入数值 500【回车】；

输入【L】键可切换回直线命令，鼠标放至右侧，输入数值 1000【回车】，再次【回车】结束命令，得到如图 4-3-22（b）所示效果。

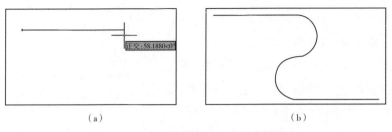

（a）　　　　　　　　　　　　　　（b）

图 4-3-22　绘制弧线和直线为一体的多段线效果
（a）确定多段线起点直线效果；（b）完成多段线样式

（4）绘制带有宽度的多段线。

输入快捷键 PL【回车】，指定起点，输入 W 键【回车】，输入起点宽度 100【回车】，输入端点宽度 100【回车】，输入多段线长度 2000【回车】，带有宽度的线段绘制完成，如图 4-3-23（a）所示；

可以继续向下绘制，输入 W【回车】，输入下一段多段线起点宽度 300【回车】，输入端点宽度 0【回车】，输入多段线长度 500【回车】，再次【回车】结束命令，完成如图 4-3-23 所绘箭头效果。

（a）　　　　　　　　　　　　　　（b）

图 4-3-23　绘制弧线和直线为一体的多段线效果
（a）确定多段线起点直线效果；（b）完成多段线样式

（5）综合使用绘制拱形门。

打开【F8】正交模式；输入快捷键 PL【回车】，确定起点，鼠标放至右侧并输入线段长度 1000【回车】；鼠标放至上方并输入线段长度 2000【回车】，如图 4-3-24（a）所示；

命令行输入 W 键【回车】绘制宽度，输入起点宽度 0【回车】，输入端点宽度 200【回车】；鼠标向右移动，输入 A 键【回车】绘制弧度，如图 4-3-24（b）所示；

鼠标向下移动，显示圆弧状态，输入 L 键【回车】切换回直线，并输入数值 2000【回车】直线段绘制完成，如图 4-3-24（c）所示；

命令行输入 W 键【回车】绘制宽度，输入起点宽度 0【回车】，输入端点宽度 0【回车】，鼠标向右移动，输入 1000 回车，绘制完成，如图 4-3-24（d）所示；

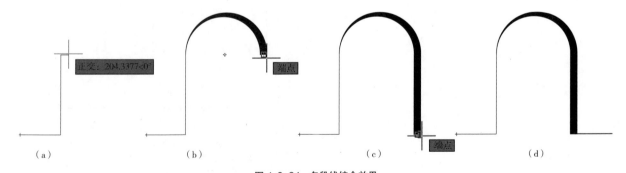

（a）　　　　　　　　（b）　　　　　　　　（c）　　　　　　　　（d）

图 4-3-24　多段线综合效果
（a）步骤 1；（b）步骤 2；（c）步骤 3；（d）步骤 4

3. 修改编辑多段线

（1）修改多段线。

通过快捷菜单提示相应进行编辑修改样式，包括拉伸、添加节点和转换为圆弧三项内容的修改。

操作方法：鼠标放至两点中间，如 b、c 中间，将弹出编辑修改的快捷菜单如图 4-3-25（a）所示，此三项内容可以轻松编辑多段线，改变其样式，如图 4-3-25（b、c、d）。

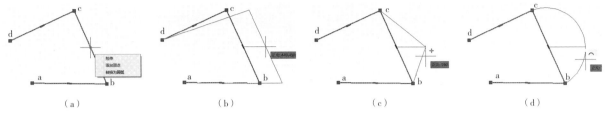

图 4-3-25　多段线编辑效果

（a）多段线编辑方式；（b）多段线拉伸效果；（c）多段线添加节点效果；（d）多段线转换为圆弧效果

（2）编辑多段线。

● 菜单：【修改】→【对象】→【多段线】。

● 快捷键：PE（PEDIT）→【回车】。

● 修改 II 工具栏：⟋。

输入快捷键 PE 回车，选择需要编辑的多段线，如图 4-3-26（a）所示；按照命令行的提示，输入 W【回车】修改宽度，输入新宽度 50 【回车】，即可以得到 4-3-26（b）所示效果。

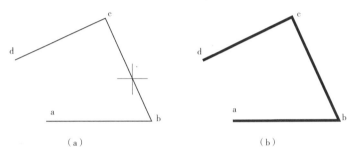

图 4-3-26　编辑多段线宽度

（a）选择要编辑的多段线；（b）完成多段线宽度的修改

注意：命令行提示的【闭合 / 合并（C）/ 宽度（W）/ 编辑顶点（E）/ 拟合（F）/ 样条曲线（S）/ 非曲线化（D）/ 线型生成（L）/ 反转（R）/ 放弃（U）】，同修改宽度一样，通过输入括号内的字母进行相应其他操作。

实训 4-3　使用多段线命令绘制带有宽度的圆形，且要求线型为虚线，效果如图 4-3-27（d）所示，步骤参考如图 4-3-27（a、b、c）所示。

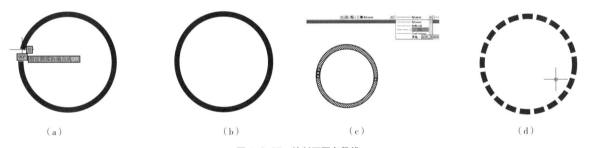

图 4-3-27　绘制不同多段线

（a）使用多段线绘制圆弧，且不闭合；（b）输入 CL 命令闭合为圆形；（c）选择该圆环，并选择线型控制栏的虚线；
（d）输入 LTS，输入一定比例数值，调整虚线疏密度

实训 4-4　绘制不同样式的箭头，效果如图 4-3-28 所示。

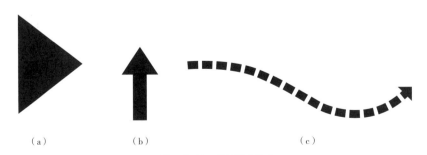

图 4-3-28　绘制箭头样式

（a）箭头样式一；（b）箭头样式二；（c）箭头样式三

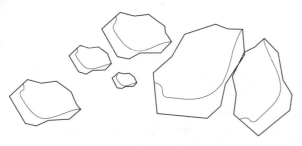

图 4-3-29　石头平面图表现

实训 4-5　绘制石头平面图，效果如图 4-3-29 所示。

4.3.4　打断于点

在两点之间打断选定的对象。

1. 命令的启动方法

● 修改工具栏：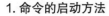。

2. 具体操作

选择打断于点图标 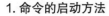，选择打断对象，指定第一个打断点，打断于点操作完成（见图 4-3-30）。指定打断点位置会将图形分成两部分。有效对象包括直线、开放的多段线和圆弧。不能在一点打断闭合对象（例如圆）。

4.3.5　打断

可以在对象上的两个指定点之间创建间隔，从而将对象打断为两个对象。如果这些点不在对象上，则会自动投影到该对象上。

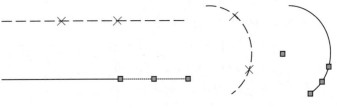

图 4-3-30　打断于点

1. 命令的启动方法

● 菜单：【修改】→【打断】。

● 快捷键：BR（BREAK）→【回车】。

● 修改工具栏：。

2. 具体操作

输入快捷键 BR →【回车】；指定第一个打断点，指定第二个打断点，打断操作完成（见图 4-3-31）。两个指定点之间的对象部分将被删除。有效对象包括直线、开放的多段线、圆弧和圆等。

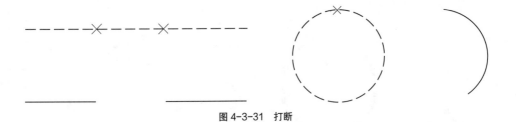

图 4-3-31　打断

4.3.6　合并

合并线性和弯曲对象的端点，以便创建单个对象。与"打断于点"意思相反，可将相似图形对象合并为一个整体。

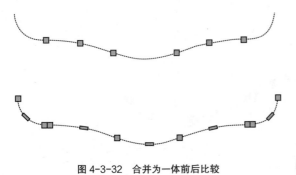

图 4-3-32　合并为一体前后比较

1. 命令的启动方法

● 菜单：【修改】→【合并】。

● 快捷键：JOIN →【回车】。

● 修改工具栏：。

2. 具体操作

选择合并图标 →【回车】；选择源对象，再点击要合并的图形即可，也可通过框选将多个对象一次合并为一体（见图 4-3-32）。

本次课上机练习并辅导

1. 将 3.3.2 立面图绘制中"大门方案平立面图"内容按类型进行分层，如定位轴线、墙体、门窗等，图层数量自定。

2. 练习创建白底园林设计样板图，文件名为"园林样板 01.dwt"，图层设置内容见表 4-1。

表 4-1　　　　　　　　　　　　　　　　　　园林样板图层设置

图层名称	颜色	线型	线宽	打印
0	黑色	Continuous	缺省	是
01- 底图	黑色	Continuous	缺省	否
02- 道路	黑色	Continuous	0.5	是
03- 水体	蓝色	Continuous	0.8	是
04- 建筑	黑色	Continuous	0.6	是
04- 小品	黑色	Continuous	缺省	是
06- 文字	红色	Continuous	0.2	是
07- 微地形	灰色	ACAD_ISO002W100	0.18	是
08- 铺装	橙色	Continuous	缺省	是
09- 草坪	绿色	Continuous	缺省	是
10- 草花	黄色	Continuous	缺省	是
11- 绿化	墨绿色	Continuous	缺省	是
12- 其他	灰色		缺省	是

3. 绘制小型建筑平面图，图层的设置内容自定（标注除外）（见图 4-1）。

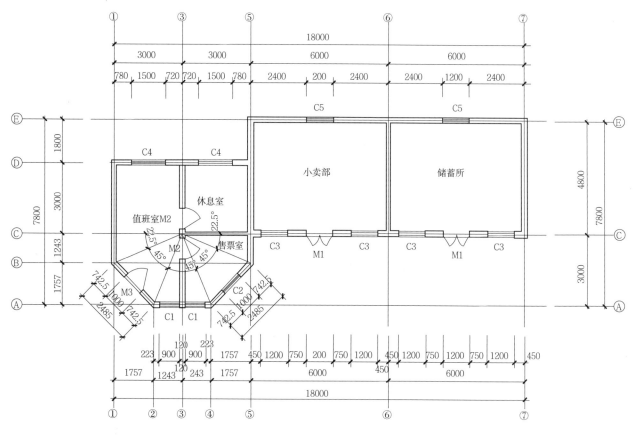

图 4-1　小型建筑平面图

第5章　文字标注及尺寸标注

为图形添加文字及数字注释，统称为标注。园林设计图中尤其是施工图、立面图、剖面图中，经常要有标注。标注样式一般分为文字标注和尺寸标注两种。本章重点对于文字标注和尺寸标注进行详细讲解。

5.1　文字标注

文字是 AutoCAD 中很重要的内容之一，为图形对象提供了必要的注释与说明。如园林图纸设计说明、文字标注、标题栏等，能够更明确的向大家传达图纸的信息内容。

AutoCAD 软件提供了多种创建文字的方法，对于相对简短的文字可以采用单行文字输入方法，较长的文字可采用多行文字输入方法。还可以将外部文字导入 AutoCAD 2014 软件中，如 Word 文档中的文字也可导入到本软件当中进行编辑应用。

5.1.1　创建文字样式

文字样式就是给文字设置一定的字体、字号、倾斜角度等文字特征，然后给包含这些文字特征的文字取名，即"样式名"。在园林绘图过程中，仅一种"文字样式"是远远不够用的。因而需要我们根据需要设置多种"文字样式"。启动文字样式方式如下：

● 菜单：【格式】→【文字样式】。

● 快捷键：ST（STYLE）→【回车】。

● 文字工具栏：。

输入文字时，程序将使用当前文字样式（见图 5-1-1）。当前文字样式用于设定字体、字号、倾斜角度、方向和其他文字特征。如果要使用其他文字样式来创建文字，可以将其他新建的文字样式置于当前。下面以园林中常用两种字体为例，讲解创建文字样式的方法。

图 5-1-1　"文字样式"默认对话框

1. 创建汉字文字样式

（1）新建样式名。输入快捷键 ST →【回车】，在弹出的【文字样式】对话框中选择【新建】按钮，弹出【新建文字样式】对话框，将样式名改为"汉字"的拼音缩写"HZ"（见图 5-1-2），【确定】。

（2）设置长仿宋字体属性。【文字样式】对话框中，"字体"栏将【使用大字体】勾选取消，在"字体名"文本框选择"仿宋"；"效果"栏将宽度因子改为"0.8"，单击【应用】按钮（见图5-1-3），单击【关闭】按钮。

图5-1-2 "新建文字样式"对话框

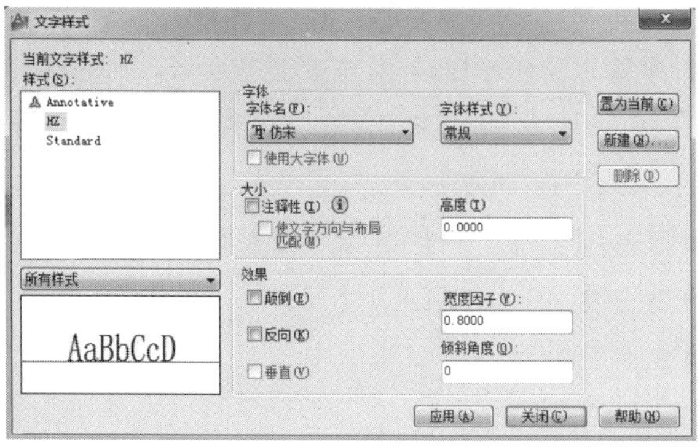

图5-1-3 修改文字参数

（3）汉字样式显示结果。汉字样式设置完成后，文字输入样式如图5-1-4所示。

2.创建数字、字母文字样式

（1）新建样式名。在【新建文字样式】对话框中将样式名改为"数字"的拼音缩写形式"SZ"（见图5-1-5），单击【确定】。

园林绿地平面图

图5-1-4 长仿宋字体样式

（2）设置数字字体属性。【文字样式】对话框中，"字体名"选择"isocp.shx"字体；"效果"栏中宽度因子为"1.0"，"倾斜角度"文本框中设置为"15"，单击【应用】按钮（见图5-1-6），单击【关闭】按钮。

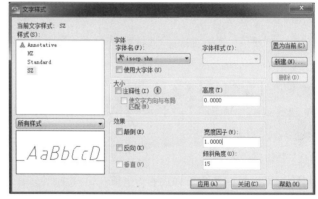

图5-1-5 样式名的修改

图5-1-6 修改数字和字母参数

（3）数字和字母样式显示结果。样式设置完成后，数字和字母输入样式如图5-1-7所示。

5.1.2 输入文字

图纸文字的规格，即文字的字高用字号表示，如高为5mm的字就为5号字。常用的字号有3.5、5、7、10、14、20等。规定汉字的字高应不小于3.5mm。可以通过计算得出想要的字高，如要在1∶100的图纸上输入高度为6mm的文字，计算方法为：6÷（1∶100）=600。

文字在输入时尽可能的不与图形内容相重叠，文字内容要相应创建到文字图层上。在AutoCAD 2014软件中，书写文字通常有两种方法，一是单行文字，二是多行文字，可以根据具体情况选择添加文字的方法（见图5-1-8）。

图5-1-7 数字和字母字体样式

图5-1-8 文字工具栏

1. 单行文字输入

功能：创建单行文字对象。可以使用单行文字创建一行或多行文字，其中，每行文字都是独立的对象，可对其进行移动、格式设置或其他修改。在文本框中右击可选择快捷菜单的选项。

如果输入"TEXTED"系统变量值为1，则使用TEXT创建的文字将显示"编辑文字"对话框。如果"TEXTED"设定为2，则将显示在位文字编辑器，可自行设定。

（1）命令的启动方法：

● 菜单：【绘图】→【文字】→【单行文字】。

● 快捷键：DT（TEXT）→【回车】。

● 文字工具栏：**AI**。

（2）具体操作：

样式工具栏中将"HZ"样式置为当前（见图5-1-9）；输入快捷键DT→【回车】，在视图内单击指定文字的起点；输入文字的高度，如：数值6→【回车】；指定文字旋转的角度为0→【回车】；输入文字内容，如："单行文字"，得到效果如图5-1-10所示。

图5-1-9　样式工具栏

单行文字

图5-1-10　单行文字样式

2. 多行文字输入

功能：创建多行文字对象。可以将若干文字段落创建为单个多行文字对象。

（1）命令的启动方法：

● 菜单：【绘图】→【文字】→【多行文字】。

● 快捷键：T（MTEXT）→【回车】。

● 文字工具栏：**A**。

（2）具体操作：

样式工具栏中将"HZ"样式置为当前；输入快捷键T→【回车】，在视图内单击指定第一角点，拖动出图框并单击，弹出文本输入框，输入文字内容即可，效果如图5-1-11所示。可以进行文本的编辑修改等操作。"文字编辑器"功能区通过上下文选项卡，可以调整选项卡大小。

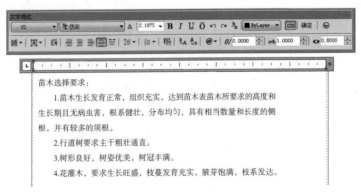

图5-1-11　多行文字样式

5.1.3　编辑修改文字

编辑单行文字、标注文字、属性定义和功能控制边框。

1. 编辑文字

命令的启动方法：

● 菜单：【修改】→【对象】→【文字】→【编辑】。

● 快捷键：ED（DDEDIT）→【回车】。

● 文字工具栏：。

● 快捷菜单：选择文字对象，在绘图区域中右击，然后单击【编辑】。

● 定点设备：双击文字对象。

启动编辑文字命令后，单击要修改的文字，文字形成可编辑状态，即可对文字内容进行修改。多行文字可以对文字大小、颜色等任意修改。但单行文字只可以修改文字内容，其他属性可以通过"特性（CTRL+1）"进行调整。

2. 修改文字特性

利用"特性"不但可以修改文字内容，还可以修改文字的样式、位置方向等。

快捷键 CTRL+1 启动【特性】对话框中，单击要修改的文字，【特性栏】相应显示当前文字的特性。【常规】选项里可选择颜色栏、图层、线型样式、线型比例、线宽和厚度进行调整。

通过【文字】栏，还可以对文字的内容，样式、对齐样式和行间距等样式进行调整。如在【旋转】栏里输入"20"，文字相应旋转角度为 20°（见图 5-1-12）。

图 5-1-12　特性选项板调整文字角度特性

5.1.4 特殊文字的输入

在该软件中，有些字符无法正常通过标准键直接书写出来，这些字符为特殊字符。在单行文字输入中，需要采用特定的代码来输入这些字符（见表 5-1-1）；多行文本输入文字是可以使用多行文字编辑器的符号输入。

表 5-1-1　　　　　　　　　　　　　　　　AutoCAD 2014 常用符号的输入

含义	符号	CAD 代码
度数	°	%%D
正负公差符号	±	%%P
直径	φ	%%C
百分号	%	%%%
上划线	—	%%O
下划线	—	%%U

在 AutoCAD 软件中，文本编辑框中依次输入"60%%D""%%P0.00"和"%%C30"，显示的结果将如图 5-1-13 所示效果。

$$60° \quad ±0.00 \quad \phi30$$

图 5-1-13　特殊文字输入结果

5.1.5　拼写检查

AutoCAD 2014软件还提供了拼写检查功能，可以检查图形中的拼写。

1. 命令的启动方法

● 菜单：【工具】→【拼写检查】。

● 文字工具栏： 。

2. 具体操作

选择【工具】下【拼写检查】，弹出【拼写检查】对话框（见图5-1-14），单击【开始】按钮，识别出拼写错误内容，将弹出提示框，拼写错误内容显示在建议列表中。可以选择一个建议列表，然后选择修改或全部修改。若选择忽略或全部忽略则不纠正拼写错误。拼写检查完成后，会出现如图5-1-15对话框，表示拼写检查完成。

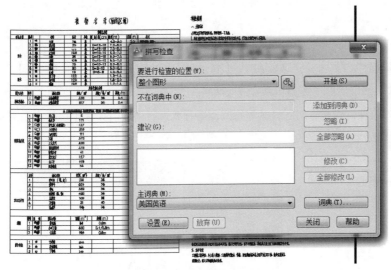

图 5-1-14　"拼写检查"对话框

图 5-1-15　"拼写检查完成"对话框

5.2　尺寸标注

尺寸标注是向图形中添加测量注释的过程。在设计图中，如果没有尺寸就不能清楚表达设计意图，更不能为施工提供依据，因此，尺寸标注是设计图中不可缺少的组成部分，本节将进行详细讲解。

5.2.1　尺寸的组成及基本要求

1. 尺寸标注的组成

一个完整的标注尺寸有四个组成要素：尺寸线、尺寸界线、起止符号和尺寸数字（见图5-2-1）。

（1）尺寸线。表示图形尺寸设置的范围和方向的线。与所标注对象平行，在角度标注中尺寸是圆弧。尺寸线与所标注最外的轮廓线距离不宜小于10mm，尺寸线之间的间距一般为7～10mm。

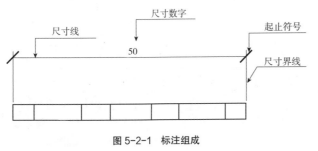

图 5-2-1　标注组成

（2）尺寸界线。表示尺寸标注图形的范围。从被标注的对象延伸到尺寸线，并与其垂直，尺寸界线超出尺寸线的距离为2mm。

（3）起止符号。在尺寸线的两端，用于表示尺寸线的起始位置，采用中实线表达。半径、直径、角度与弧长的尺寸起止符用箭头表示，但在建筑制图中通常采用建筑标记。

（4）尺寸数字。写在尺寸线上方或中断处，用以表示所标注图形的具体大小，可以对文字进行修改等操作。

2. 尺寸标注的基本要求

不同专业图纸的尺寸标注必须满足相应的技术标准，以使得尺寸标注清晰易识。

（1）建立专用尺寸图层。可以分层控制尺寸的显示和隐藏，便于编辑修改。

（2）建立专门文字标注样式。对照标准，应设定好字符的高度、宽度和倾斜角度等。

（3）1：1比例绘图。软件自动测量尺寸大小，所以采用1：1的比例绘图，标注时无须换算。

（4）打开相关捕捉。充分利用捕捉功能准确标注尺寸。

5.2.2 尺寸标注类型

在AutoCAD中，通过"标注"工具栏可以调出尺寸标注工具条中的标注命令（见图5-2-2），尺寸标注的类型主要包括水平、垂直、对齐、角度、坐标、基线和连续标注等（见图5-2-3）。

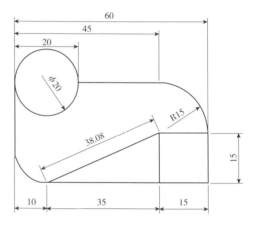

图5-2-2 "标注"工具栏

1. 线性标注

线性标注用来测量两点间的直线距离。使用水平、竖直或旋转的尺寸线创建线性标注。分别标注对象在水平方向、垂直方向的尺寸以及在一定方向的投影长度。

（1）命令的启动：

● 菜单：【标注】→【线性】。

● 快捷键：DLI（DIMLINEAR）→【回车】。

● 标注工具栏：⊢。

（2）标注方法：输入快捷键DLI→【回车】，单击要标注的a、b两点，如图5-2-4（a）所示，向下移动光标至一定距离，单击，如图5-2-4（b）所示，水平标注完成；按【空格】键执行上一步

图5-2-3 标注类型样式

操作，单击b、c两点并向右移动光标单击视图，如图5-2-4（c）所示，垂直标注完成；按【空格】键，继续单击a、c两点并向上移动光标单击视图，如图5-2-4（d）所示，旋转方向线性标注完成，如图5-2-4所示。

（3）修改标注方法。标注的属性如多行文字、文本、角度、水平、垂直和旋转角度分别可以单独编辑。

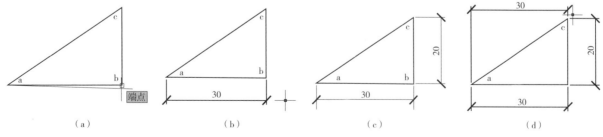

（a） （b） （c） （d）

图5-2-4 线性标注

（a）确定标注两点；（b）水平标注完成；（c）垂直标注完成；（d）旋转方向标注完成

如图5-2-5所示如果修改尺寸数字：输入快捷键DLI→【回车】，单击a、b两点，向下移动光标至一定距离，输入文本的编辑命令"T"→【回车】，输入新数字31→【回车】，单击可完成对尺寸数字的修改。若要修改角度，在单击完两点后根据提示输入"R"即可，其他操作相同。

2. 对齐标注

又称斜线标注，可以标注倾斜线段的尺寸。

（1）命令的启动：

● 菜单：【标注】→【对齐】。

● 快捷键：DAL（DIMALIGNED）→【回车】。

● 标注工具栏：⬈。

（2）标注方法：如图5-2-6所示，选择对齐标注命令，单击要标注的a、c两点，向左侧移动光标至一定距离，单击即可。

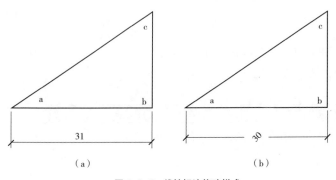

（a）　　　　　　　（b）

图5-2-5　线性标注修改样式

（a）修改标注尺寸数字；（b）修改标注旋转角度

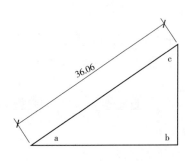

图5-2-6　对齐标注

3. 连续标注

连续标注是首尾相连、成行成列的连续尺寸，如图5-2-7所示，连续标注的前提是要在线性标注基础上依次进行标注的。

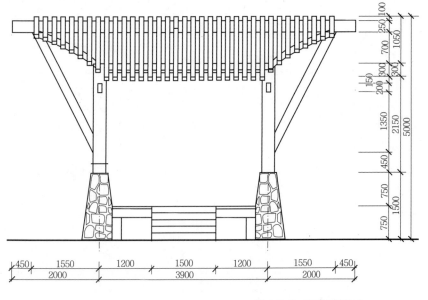

图5-2-7　连续标注样式

（1）命令的启动：

● 菜单：【标注】→【连续】。

● 快捷键：DCO（DIMCONTINUE）→【回车】。

● 标注工具栏：⊢⊢⊢。

（2）标注方法。选择线性标注命令DLI，标注前两点的距离如图5-2-8（a）所示；选择连续标注命令DCO，在线性标注基础上依次单击要标注的各个节点，标注至最后，按【回车】结束命令，如图5-2-8（b）所示，再次【回车】连续标注完成。

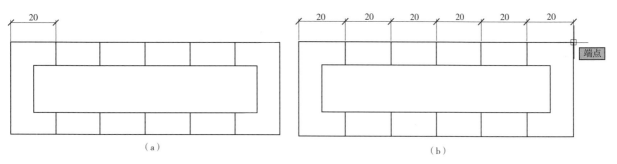

图 5-2-8　连续标注

（a）线性标注确定标注两点；（b）连续水平标注完成

4. 基线标注

基线标注是自同一基线处测量的多个标注。方法同连续标注，效果如图5-2-9所示。命令的启动方法如下：

● 菜单：【标注】→【基线】。

● 快捷键：DBA（DIMBASELINE）→【回车】。

● 标注工具栏：🖫。

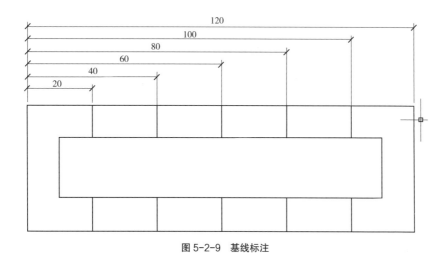

图 5-2-9　基线标注

5. 角度标注

用来测量不平行的两条线段之间夹角，尺寸线呈圆弧状。创建角度标注时可以对其内容和角度进行修改。命令的启动：

● 菜单：【标注】→【角度】。

● 快捷键：DAN（DIMANGULAR）→【回车】。

● 标注工具栏：⚠。

标注方法：选择角度标注命令，点击夹角的两条边线，向一侧移动光标并单击确定，如图5-2-10所示标注。

6. 半径标注

命令的启动：

● 菜单：【标注】→【半径】。

● 快捷键：DRA（DIMRADIUS）→【回车】。

● 标注工具栏：◎。

标注方法：选择半径标注命令，点击圆边线，向一侧移动光标

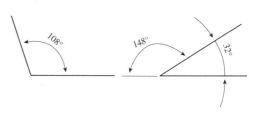

图 5-2-10　角度标注

并单击（见图5-2-11）。

7. 直径标注

标注方法同半径标注，不做详述，标注样式如图5-2-12所示，命令的启动方法如下：

● 菜单:【标注】→【直径】。

● 快捷键: DDI（DIMDIAMETER）→【回车】。

● 标注工具栏: 🚫。

图 5-2-11　半径标注　　　　　图 5-2-12　直径标注

8. 圆心标记

（1）命令的启动。

● 菜单:【标注】→【圆心标记】。

● 快捷键: DCE（DIMCENTER）→【回车】。

● 标注工具栏: ⊕。

（2）标注方法。绘制半径为10mm的圆形；选择圆心标记命令，点击圆形边线，即可在圆中心处显示十字圆心标记，如图5-2-13（a）所示。

（3）圆心标记样式大小修改方法。选择【标注样式】，单击【修改】，"符号和箭头"选项板中，"圆心标记"文本框将原来数字2.5改为1（见图5-2-14），【确定】；画面将无变化，待重新执行"圆心标记"操作后，删除原来圆心样式即可看到修改后的效果，如图5-2-13（b）所示。

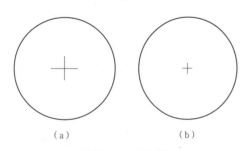

图 5-2-13　圆心标记
（a）原圆心标记样式;（b）圆心标记改变后样式

图 5-2-14　修改标注样式

9. 快速标注

从选定对象快速创建一系列标注。创建系列基线或连续标注，或者为一系列圆或圆弧创建标注时，该命令非常实用。

（1）命令的启动。

● 菜单:【标注】→【快速标注】。

● 快捷键: QDIM→【回车】。

● 标注工具栏：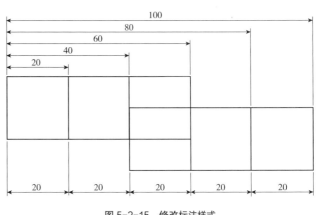。

（2）标注方法。输入快速标注命令 QDIM，框选要标注的内容右击，向下拖动光标至一定距离，单击即可形成连续标注样式。按照提示，如果输入"B"将形成基线标注样式（见图 5-2-15）。

图 5-2-15 修改标注样式

10. 引线标注

引线为一条直线或样条曲线，其中一端带有箭头，另一端带有多行文字对象的样式。可以创建、修改引线对象以及向引线对象添加内容。

（1）命令的启动。

● 快捷键：LE（QLEADER）→【回车】。

（2）标注方法。输入快速引线标注命令 LE，视图内点击第一个引线点，指定下一点，再指定下一点，输入文字的宽度，如 20；输入注释的第一行文字，如"景观石"；输入注释下一行文字处【回车】，结束命令。输入 LE，可根据提示输入"S"设置引出线样式（见图 5-2-16），如选择"样条曲线"绘制完效果如图 5-2-17 所示。

图 5-2-16 快速引线设置对话框

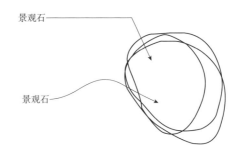

图 5-2-17 快速引线标注样式

11. 多重引线标注

创建和修改多重引线样式。常用于标注图形的说明信息，而不是标注尺寸。

（1）多重引线样式设置。

● 菜单：【格式】→【多重引线】。

● 命令行：mleaderstyle →【回车】。

● 标注工具栏：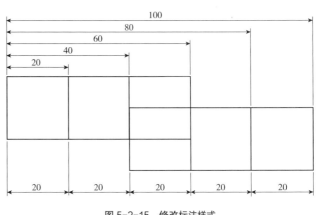。

选择多重引线设置命令，弹出"多重引线样式管理器"对话框（见图 5-2-18），单击【新建】，新样式名为"引线样式一"，单击【继续】按钮（见图 5-2-19），弹出【修改多重引线样式】对话框，利用该对话框，"引线格式""引线结构"和"内容"三个选项卡能够对新建引线样式各项参数调整。

● "引线格式"用于设置引线外观、箭头样式及大小和引线打断时的距离值（见图 5-2-20）。

● "引线结构"设置引线的结构、多重引线中的基线和标注的缩放关系（见图 5-2-21）。

● "内容"设置引线标注的类型、文字内容等（见图 5-2-22）。

（2）多重引线标注。

● 菜单：【标注】→【多重引线】。

● 命令行：MLEADER →【回车】。

启动多重引线标注命令，在适当位置指定引线基线的位置，图形上指定引线箭头标注的位置，在弹出的文字编辑器中输入相关文字内容即可（见图5-2-23）。

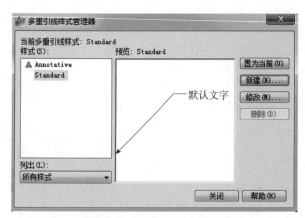

图 5-2-18 快速引线设置对话框

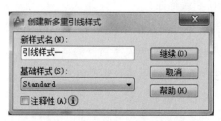

图 5-2-19 快速引线标注样式

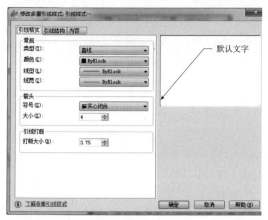

图 5-2-20 "引线格式"选项卡

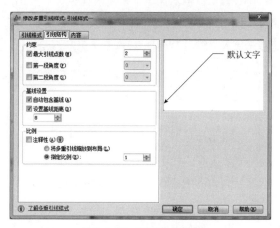

图 5-2-21 "结构"选项卡

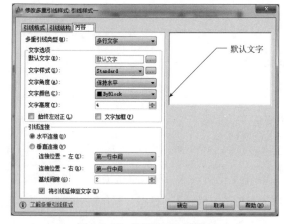

图 5-2-22 "引线内容"选项卡

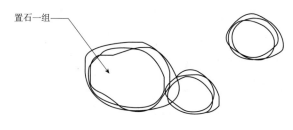

图 5-2-23 多重引线标注

12. 折弯线性标注

在线性标注或对齐标注中添加或删除折弯线。

（1）命令的启动。

● 菜单：【标注】→【折弯线性】。

● 命令行：DIMJOGLINE →【回车】。

● 标注工具栏： ⌇。

（2）标注方法：启动折弯线性标注命令，视图内点击选择要添加折弯的标注样式，在标注样式上确定一点指定折弯位置即可，如图5-2-24所示。标注中的折弯线表示所标注的对象中的折断，标注值表示实际距离，而不是图形中测量的距离。

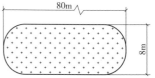

图5-2-24 折弯标注样式

5.2.3 尺寸标注编辑

1.编辑标注

编辑标注文字和尺寸界线。可以编辑尺寸标注的文字内容，旋转尺寸标注文字对象的方向，指定尺寸界线倾斜角度等。

（1）命令的启动。

● 命令行：DIMEDIT→【回车】。

● 标注工具栏：🖊️。

（2）操作方法。启动编辑标注命令，输入新建命令"N"【回车】，在弹出的"文本编辑"框内删除原有的数字"0"，输入新内容，【确定】，拾取框单击选择要修改的尺寸数字即可修改标注文字内容。其他参数也可相应进行编辑。

举例：将原来为300mm的尺寸数字修改为100mm，方法如下：选择编辑标注命令，输入新建命令"N"【回车】，在弹出的"文本编辑"框内删除原有的数字"0"，输入新内容100，【确定】，拾取框单击选择要修改的尺寸数字300即可，标注文字发生变化，如图5-2-25所示操作完成。

2.编辑标注文字

移动和旋转标注文字并重新定位尺寸线。可以将标注文字沿尺寸线移动到左、右或中心或尺寸界线之内或之外的任意位置（见图5-2-26）。命令的启动如下：

● 命令行：DIMTEDIT→【回车】。

● 标注工具栏：🅰️。

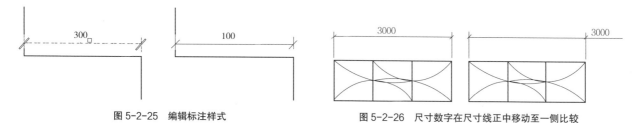

图5-2-25 编辑标注样式　　　　图5-2-26 尺寸数字在尺寸线正中移动至一侧比较

3.标注更新

用当前标注样式更新标注对象，如图5-2-27所示。命令的启动如下：

● 菜单：【标注】→【更新】。

● 命令行：DIMSTYLE→【回车】。

● 标注工具栏：📷。

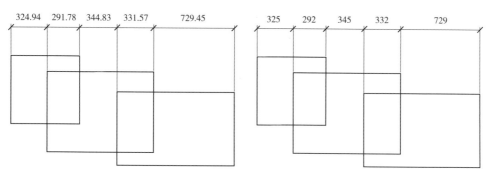

图5-2-27 标注部分样式更改前后比较

5.3 标注样式设置

5.3.1 创建与设置尺寸标注样式

尺寸标注类型非常丰富，上节针对常用标注类型进行了讲解。在绘制园林小型建筑或园林图纸时进行标注的内容是默认标注样式，需要我们进一步设置尺寸标注的样式才能更加符合规范要求。本节针对园林小型建筑的绘制，举例设置的尺寸标注样式，仅供参考。

1. 尺寸标注样式的启动

● 菜单：【格式】→【标注样式】。

● 快捷键：D（DIMSTYLE）→【回车】。

● 标注工具栏：

2. 标注样式创建

（1）输入快捷键D→【回车】，弹出【标注样式管理器】对话框，如图5-3-1所示。

（2）"标注样式管理器"对话框中单击【新建】按钮，弹出"创建新标注样式"对话框，如图5-3-2所示；新样式名文本框中输入"园林小型建筑样式"，单击【继续】按钮。

（3）弹出【新建标注样式：园林小型建筑样式】对话框，内容包括"线""符号和箭头""文字""调整""主单位""换算单位"和"公差"，可以对相关参数进行调整。

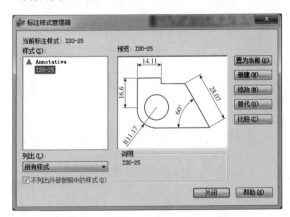

图5-3-1 "标注样式管理器"对话框

图5-3-2 "创建新标注样式"对话框

5.3.2 标注样式具体参数设置

1. 设置直线选项卡

该选项卡用于设置尺寸线和尺寸界线各变量值。在如图5-3-3所示的窗口1～3项相应进行设置。

（1）尺寸线。设置尺寸线的颜色、线型、宽度等参数。"超出标记"为尺寸线超出尺寸界线的距离，通常数值为0。"基线间距"为基线与标注尺寸线之间的距离，尺寸线之间的间距设置为7mm。

（2）尺寸界线。设置尺寸界线的颜色、线型、宽度等参数。"超出尺寸线"数值为尺寸界线超出尺寸线的距离，设置为2mm。"起点偏移量"数值为尺寸界线距离标注对象的距离，设置为2mm。

2. 设置符号和箭头选项卡

该选项卡用于设置箭头、圆心标记等外观各变量值。在如图5-3-4所示的窗口中将2项操作相应设置。

（1）箭头。对标注箭头的形式、大小等参数进行数值。"第一个"和"第一个"下拉列表框中分别设置尺寸标注的第一标注箭头和第二标注箭头的样式。半径、直径、角度与弧长的尺寸起止符用箭头表示，但在建筑制图中通常采用建筑标记。

"引线"设置引线标注的箭头样式。"箭头大小"数值框中输入标注箭头的大小。

（2）圆心标记。在该栏中设置圆心标记的类型和大小。另外还包括折断大小、弧长符号、半径折弯标注和线性折弯标注多项参数，在此不做详细讲解。

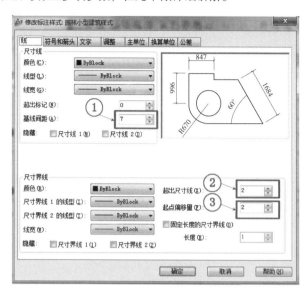

图 5-3-3　设置直线选项卡参数

3. 设置文字选项卡

设置尺寸标注中文字的外观、文字位置和对齐方式。

（1）文字外观。在该栏中指定标注文字的外观样式。"文字样式"下拉列表框中选择当前已有的文字样式，如数字和字母文字样式"ZM"（见图 5-3-5）；也可单击其后的 按钮，在弹出的【文字样式】对话框中也可设置相应参数。

（2）文字位置。指定标注文字在尺寸线上的位置，控制尺寸标注文字的位置。

（3）文字对齐。指定标注文字的对齐方式，控制尺寸标注文字在尺寸界线内外的方向。通常选择与尺寸线对齐。

4. 设置调整选项卡

设置管理 AutoCAD 绘制尺寸线、尺寸界线和文字的位置的选项，定义尺寸标注的全局比例。

（1）调整选项。控制尺寸标注文字、箭头、引线和尺寸线的位置。

图 5-3-4　设置符号和箭头选项卡参数

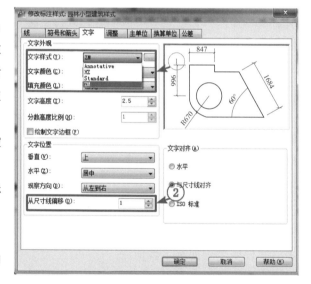

图 5-3-5　设置文字选项卡参数

（2）标注特征比例。控制尺寸标注的全局比例。选中"使用全局比例"选项，输入标注的全局比例值，所有以该标注样式为基础的尺寸标注都将按照输入的比例值放大相应的倍数。在如图 5-3-6 所示的窗口中将"使用全局比例"设置为"60"，数值的大小可以结合画面效果相应调整。

5. 设置主单位选项卡

设置线性尺寸和角度尺寸单位的格式的精度。

（1）线性标注区。设置线性标注主单位的格式和精度。"单位格式"列表中包括科学、小数、工程、建筑和分数等类型，默认为小数。"精度"设置尺寸数字的小数位数，根据绘图精度的要求，可选择"0"，如图 5-3-7 所示。

图 5-3-6　设置调整选项卡参数　　　　　　　　　图 5-3-7　设置主单位选项卡参数

（2）测量单位比例。该设置比较重要，在同一图中有不同比例的几幅图构成，应该分别创建不同比例的尺寸标注样式进行标注。"比例因子"的大小与图中其他不同比例的图之间相关联。如：此处输入 0.2，该标注样式的尺寸把实际测量值为 100mm 的尺寸标注为 20。

5.3.3　标注样式置为当前

按照提示，调整完每一组的设置后，单击【确定】，将回到"标注样式管理器"对话框，单击右上角【置为当前】按钮，【关闭】即可设置完标注样式。这样当前的标注样式名为"园林小型建筑样式"，标注出的样式特征符合标注样式的设置特征。

在"样式"工具栏的"标注样式控制"栏下拉列表框中选择"园林小型建筑样式"，如图 5-3-8 中也可以将该项置为当前。

另外，在"标注"工具栏的"标注样式控制"栏下拉列表框中选择"园林小型建筑样式"，如图 5-3-9 中同样可以将该项置为当前。

图 5-3-8　标注样式置为当前

图 5-3-9　设置主单位选项卡参数

对于园林绘图而言，以上标注样式设置掌握即可，其他应用尚少的设置，将不再做详细赘述。

5.4　园林建筑综合练习

园林建筑是园林设计内容的要素之一，本节通过案例的讲解将前几讲的内容进行综合应用，目的是对已学的知识巩固和综合应用，同时对于建筑图形的绘制有了一定程度的提高。

1. 设置绘图环境

设置绘图区背景颜色及十字光标大小。设置图形单位及精度。绘图比例 1：1 时，精度选择 0，单位选择"毫米"。状态栏中打开线宽显示按钮。设置文字及数字、字母的样式。设置线型比例因子（LTS）值为 60。

2. 设置多个图层

如图 5-4-1 所示，设置相关图层。

3. 整体图形绘制步骤（如图 5-4-2）

图 5-4-1　新建图层样式

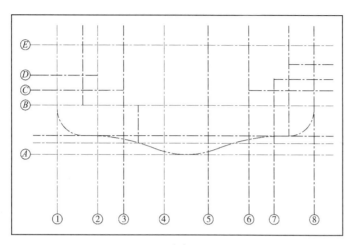

（a）

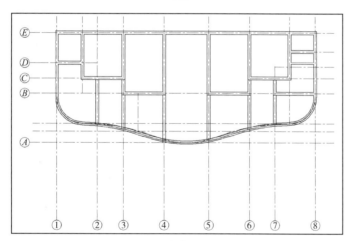

（b）

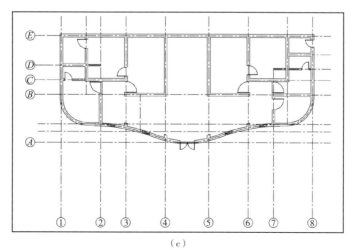

（c）

图 5-4-2（一）　整体图形绘制步骤

（a）步骤 1 绘制定位轴线；（b）步骤 2 设置多线并绘制墙体；（c）步骤 3 开门窗洞并绘制门窗

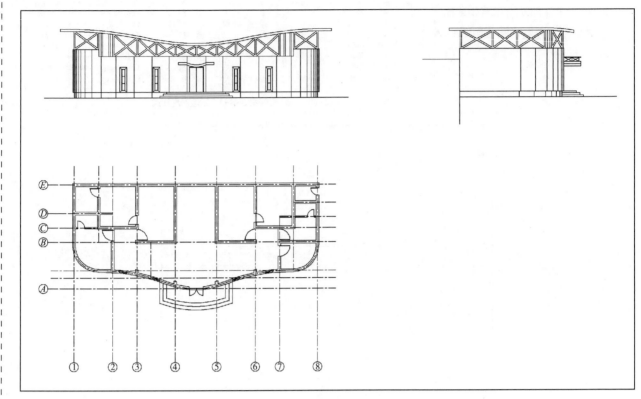

（d）

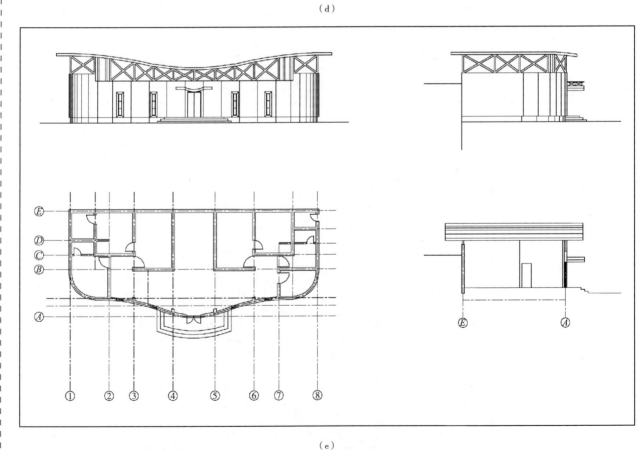

（e）

图5-4-2（二）　整体图形绘制步骤

（d）步骤4绘制立面图；（e）步骤5绘制剖面图

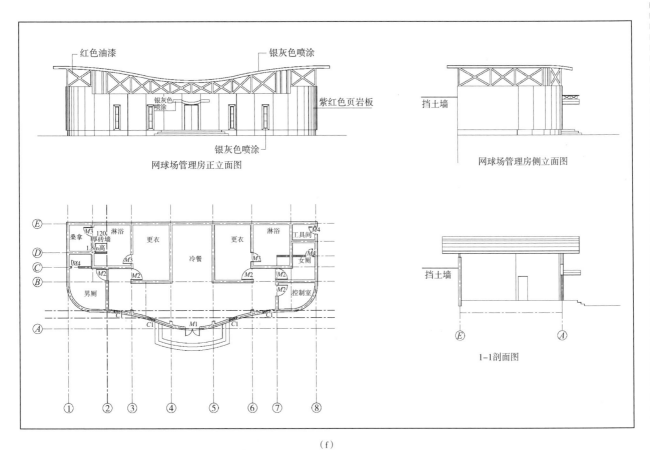

（f）

（g）

图 5-4-2（三）整体图形绘制步骤

（f）步骤6添加文字标注；（g）步骤7添加尺寸标注

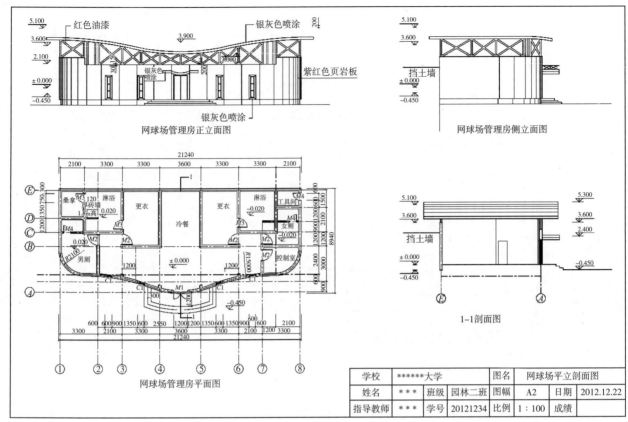

(h)

图 5-4-2（四） 整体图形绘制步骤

（h）步骤 8 整体完成，构图布局饱满

本次课上机练习并辅导

1．参照原图，为已完成的"大门方案平面、立面图"标注文字及尺寸（见图 5-1）。

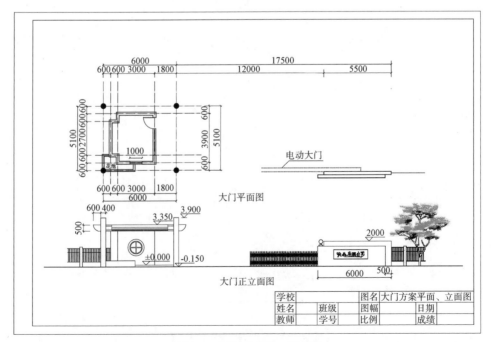

图 5-1 大门方案平面、立面图

2. 将已完成的"小型建筑平面图"文字标注及尺寸标注内容完成（见图 5-2）。

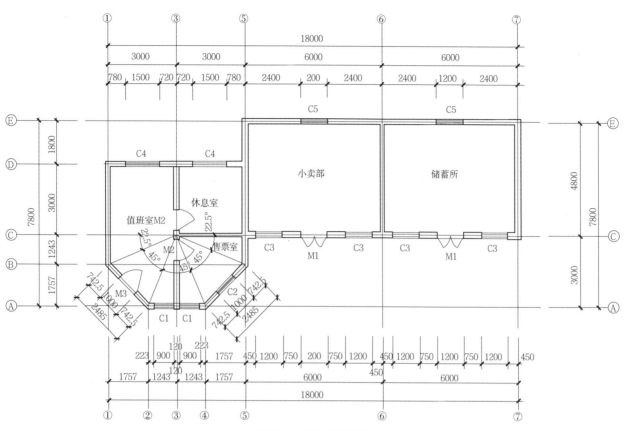

图 5-2　小型建筑平面图

3. 绘制如图园路铺装大样平面，并标注其尺寸（见图 5-3）。

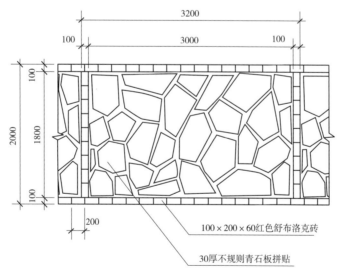

100×200×60红色舒布洛克砖

30厚不规则青石板拼贴

图 5-3　园路铺装大样

第6章　小型绿地平面方案表现

本部分主要内容是讲解样条曲线的用法及小型绿地平面方案的绘制方法。通过小型绿地平面方案框架绘制的演示，可以综合应用到前几章所学的命令，达到对所学知识的巩固与灵活运用。

将小型绿地平面方案框架绘制完成，这仅仅是绘制完一部分，还需要进一步添加各园林、各要素，比如草坪、铺装和水体材质填充，植物的种植等内容将在后几章继续讲述。

6.1　样条曲线

样条曲线是一种比较特殊的线条，可在各控制点之间生成一条光滑的曲线，主要用于创建形状不规则的图形，用户可以控制曲线与点的拟合程度。

默认情况下，样条曲线是一系列 3 阶（也称为"三次"）多项式的过渡曲线段。三次样条曲线是最常用的，并模拟使用柔性条带手动创建的样条曲线，这些条带的形状由数据点处的权值塑造。对于园林专业来讲该命令非常的重要，园林水景、微地形、道路等图形的绘制都可以用样条曲线来完成。

6.1.1　样条曲线启动与基本操作

1.样条曲线的启动

● 菜单：【绘图】→【样条曲线】。

● 快捷键：SPL（SPLINE）→【回车】。

● 绘图工具栏：∿。

2.样条曲线基本操作

输入快捷键 SPL【回车】，按照要绘制曲线路径指定第 1 点、第 2 点，如图 6-1-1（a）所示；继续绘制样条曲线，单击第 3 点，如图 6-1-1（b）所示，依次单击第 4 点，如图 6-1-1（c）所示，按【回车】键绘制结束，如图 6-1-1（d）所示。

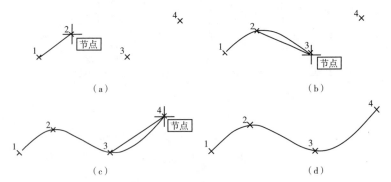

图 6-1-1　绘制样条曲线步骤
（a）绘制样条曲线起点；（b）继续绘制样条曲线；（c）绘制样条曲线起点；（d）继续绘制样条曲线

6.1.2　样条曲线的创建

1.样条曲线按控制点样式创建

输入快捷键 SPL【回车】，M【回车】；然后输入 F（拟合点）或 CV（控制点），如图 6-1-2 所示控制点样式；指定样条曲线的起点；指定样条曲线的下一个点；根据需要继续指定点。按【回车】键结束，或者输入 C（闭合）使样条曲线闭合。

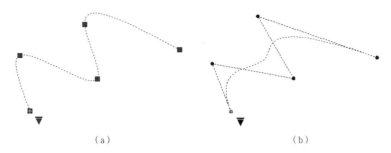

图 6-1-2 样条曲线控制点显示

（a）拟合点（f）显示样式；（b）控制点（cv）显示样式

2. 了解拟合点和控制点

控制点或拟合点是用来创建或编辑样条曲线的蓝色点样式（见图 6-1-2）。左侧的样条曲线显示的是拟合点，表现为方形夹点样式，如图 6-1-2（a）所示。右侧的样条曲线将沿着控制多边形显示控制顶点，表现为圆形夹点样式，如图 6-1-2（b）所示。

单击下方的蓝色三角形夹点，将变为红色显示，可切换显示控制顶点和显示拟合点，我们可以使用圆形或方形夹点修改选定的样条曲线（见图 6-1-3）。

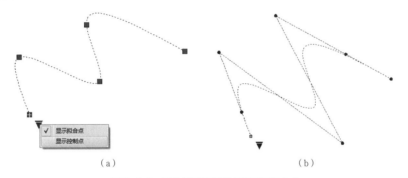

图 6-1-3 切换显示控制顶点和显示拟合点

（a）当前显示拟合点；（b）切换后显示控制点

3. 将样条曲线拟合多段线转换为样条曲线

输入快捷键 SPL【回车】，对象 O【回车】；左键选择已绘制的多段线，右键确认即可，效果如图 6-1-4（b）所示。

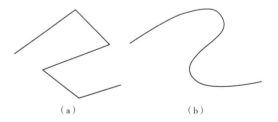

6.1.3 样条曲线的修改

1. 使用多功能夹点编辑样条曲线

多功能夹点包括添加控制点并在其端点更改样条曲线的切线方向。光标悬停在夹点上，将显示菜单选项。

图 6-1-4 样条曲线拟合多段线转换为样条曲线

（a）原有多段线样式；（b）多段线转换为样条曲线

多功能夹点编辑选项有所不同，具体取决于样条曲线设置为拟合点还是控制点样式，如图 6-1-5 所示为拟合点样式，如图 6-1-6 所示为控制点样式，可根据夹点编辑选项相应修改。

图 6-1-5 拟合点（f）显示夹点编辑样式

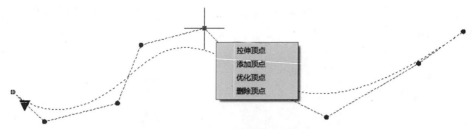

图6-1-6　控制点（cv）显示夹点编辑样式

2.修剪、延伸和圆角样条曲线

修剪样条曲线可将其缩短，无需更改保留部分的形状。延伸样条曲线可将其延长。圆角样条曲线会创建相切于样条曲线和其他选定对象的圆弧，编辑样条曲线效果如图6-1-7所示。

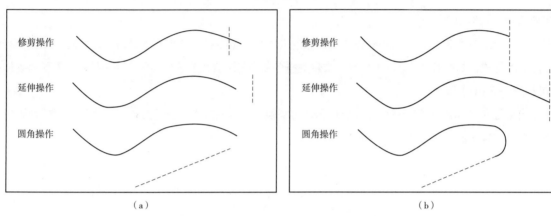

（a）　　　　　　　　　　　　　　　　　　（b）

图6-1-7　编辑样条曲线修剪、延伸和圆角前后变化
（a）操作以垂直红色虚线为基准线；（b）修剪、延伸和倒圆角后显示结果

6.1.4　光顺曲线

在两条选定直线或曲线之间的间隙中创建样条曲线。

● 菜单：【修改】→【广顺曲线】。

● 快捷键：BLEND→【回车】。

● 绘图工具栏：～。

光顺曲线基本操作：启动光顺曲线命令，分别单击线段a和线段b，线段c和线段d，在每两段线之间会创建出样条曲线进行连接，如图6-1-8所示。

实训6-1　绘制微地形（见图6-1-9）。

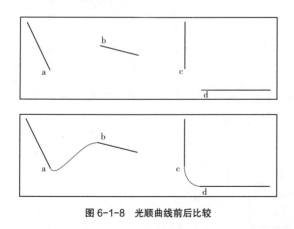

图6-1-8　光顺曲线前后比较

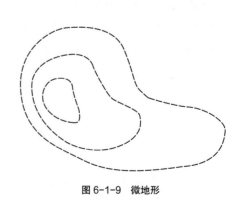

图6-1-9　微地形

实训6-2　根据所给尺寸绘制桌凳平面图（见图6-1-10）。

实训 6-3　根据图例样式临摹 2 组石头平面图（见图 6-1-11）。

图 6-1-10　临摹石头平面图 1　　　　　　　　　图 6-1-11　临摹石头平面图 2

6.2　自然式园林绿地的方案创建

　　自然式园林又称为风景式、不规则式和山水派园林。自然式园林最重要的一个特征是其以曲线为主的构图形式，如道路、水体和绿地的边缘均为曲线，全园不以轴线控制，但局部仍有轴线处理。

　　因此，本节以图 6-2-1 为例，选择自然式园林绿地方案绘制，如图 6-2-2 所示为配套鸟瞰图，主要使学生掌握园林设计方案的基本绘制方法，曲线功能的应用，以及将已经掌握的相关绘图及编辑命令更加熟悉的应用，提高作图效率。

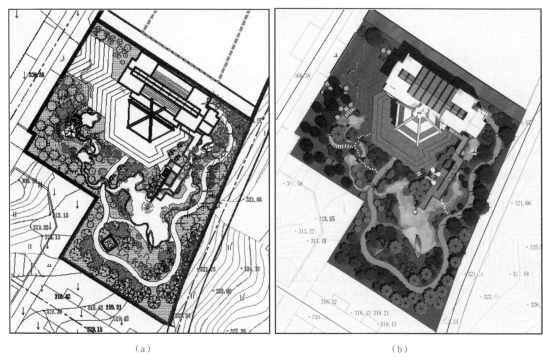

（a）　　　　　　　　　　　　　　　　　　　　　　（b）

图 6-2-1　自然式园林绿地平面图
（a）CAD 平面完成图；（b）PS 后期平面完成图

6.2.1　插入园林绿地设计方案图

1. 新建并保存文件

输入快捷键 Ctrl+N，新建 CAD 文件，Ctrl+S 保存，选择路径，如：D 盘，定义文件名为"园林绿地平面方案图"。

图 6-2-2　自然式园林绿地鸟瞰图

2. 设置图层

定义相应名称，设置颜色、线型和线宽等属性，并将"01 底图"图层置为当前，如图 6-2-3 所示。

注意：设置相关颜色为临时用的颜色，全部绘制完成后统一修改最终颜色。

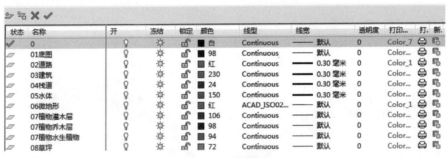

状态	名称	开	冻结	锁定	颜色	线型	线宽	透明度	打印	打.	新.
✓	0	♀	☼	🔓	白	Continuous	默认	0	Color_7	🖨	🖫
	01底图	♀	☼	🔓	98	Continuous	默认	0	Color...	🖨	🖫
	02道路	♀	☼	🔓	红	Continuous	0.30 毫米	0	Color_1	🖨	🖫
	03建筑	♀	☼	🔓	230	Continuous	0.30 毫米	0	Color...	🖨	🖫
	04栈道	♀	☼	🔓	24	Continuous	0.30 毫米	0	Color...	🖨	🖫
	05水体	♀	☼	🔓	150	Continuous	0.30 毫米	0	Color...	🖨	🖫
	06微地形	♀	☼	🔓	红	ACAD_ISO02...	默认	0	Color_1	🖨	🖫
	07植物灌木层	♀	☼	🔓	106	Continuous	默认	0	Color...	🖨	🖫
	07植物乔木层	♀	☼	🔓	98	Continuous	默认	0	Color...	🖨	🖫
	07植物水生植物	♀	☼	🔓	94	Continuous	默认	0	Color...	🖨	🖫
	08草坪	♀	☼	🔓	72	Continuous	默认	0	Color...	🖨	🖫

图 6-2-3　设置图层

3. 插入图片

选择菜单栏【插入】→【光栅图像参照】，弹出【选择参照文件】对话框（见图 6-2-4）。根据图像所保存的路径，选择相应图片，单击【打开】按钮。

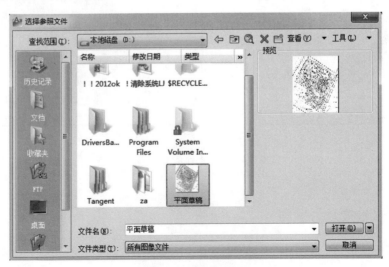

图 6-2-4　选择参照文件

4. 图片附着

在【附着图像】对话框中，路径类型选择【相对路径】，单击【确定】按钮（见图6-2-5）。

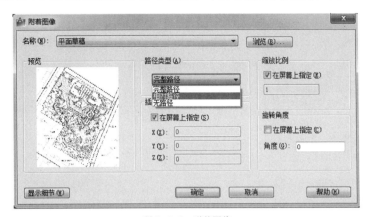

图6-2-5 附着图像

5. 导入画面

AutoCAD 2014绘图界面中，在视图内指定插入点，如输入（0，0），确定原点位置为插入点，【回车】，插入图片，按照与原图1∶1的关系插入，图片文件导入完成，如图6-2-6所示。

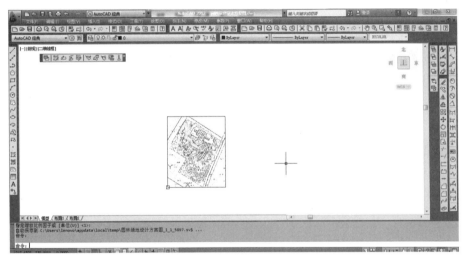

图6-2-6 图片导入

6. 全屏显示

导入图片以后，结合画面效果，输入快捷键Z【回车】→A【回车】，画面将以全屏显示。

6.2.2 园林图形大小调整

导入的图片目前只是手绘草稿的尺寸，画面比例大小不能确定，因此，应该首先确定图纸比例关系。已知绿地最上方的边长为40m，鉴于该小型园林平面图较小，建议绘图比例设定为1∶1。

将图片调整为1∶1的比例是本图的关键，操作方法如下。

1. 设定图层

输入快捷键"LA"【回车】，打开【图层特性管理器】对话框，将"02道路"图层置为当前，颜色为"红色"，线宽为"0.3"，【确定】。

2. 测量参照物体

按照绿地最上方的边长长度绘制直线，作为参照物体，并选择"斜线标注"命令标注出尺寸为414.03，效果如图6-2-7所示。

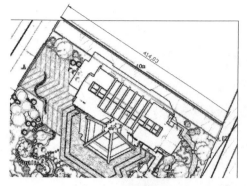

图 6-2-7 绘制参照物体

3.调整缩放比例

选择缩放命令或输入快捷键"SC"【回车】,单击选择所有物体(包括底图),右击确认;单击原点位置选择基点,输入R【回车】,命令行输入指定参照长度数值414.03,【回车】;然后输入新的线段长度为40000mm,【回车】。

4.全屏显示

输入Z【回车】,A【回车】可以最大化的将图像全部显示在视图内,画面以1∶1的比例显示底图样式,效果如图6-2-8所示。

图 6-2-8 完成比例关系的调整

6.2.3 绘制并编辑完成园林绿地框架

结合学习的线段、多边形、复制、修剪、延伸、倒角和偏移等各种绘制及编辑命令绘制图形。

1.绘制图形轮廓

删除参考线及斜线标注,在道路图层上绘制图形外轮廓(见图6-2-9)。

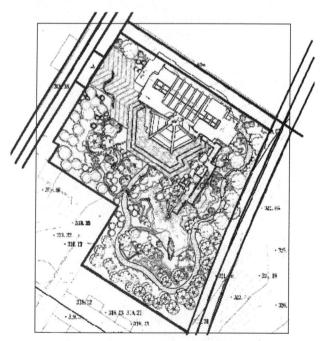

图 6-2-9 外轮廓的确定

2. 绘制建筑轮廓

建筑作为构成园林的要素之一，要符合模数要求，按照准确尺寸绘制框架，而不是一味的描图（见图 6-2-10）。

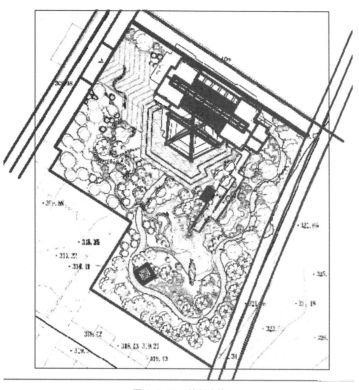

图 6-2-10　绘制建筑

3. 绘制道路、广场等主体框架内容和广场轮廓

样条曲线命令依次描绘自然式道路，并偏移出相应宽度（见图 6-2-11）。道路的宽度要按照设计宽度进行偏移，该图道路宽度为 1.2m。

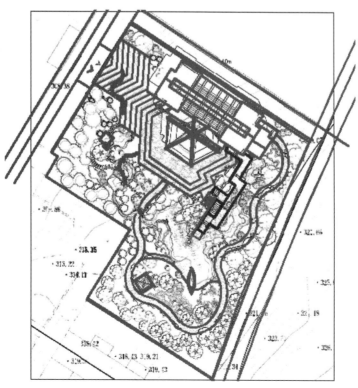

图 6-2-11　绘制道路及广场框架

103

4. 绘制水体

注意水体为自然式驳岸，建议使用样条曲线绘制出等深线及常水位线（见图 6-2-12 ）。

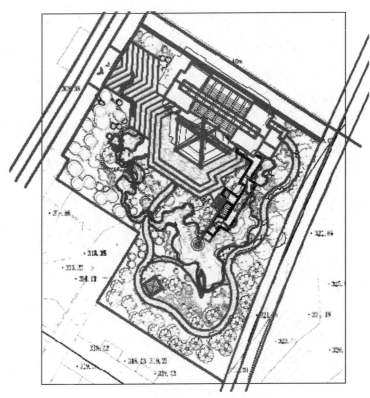

图 6-2-12 绘制水体等深线及常水位线样式

5. 绘制微地形

同样使用样条曲线绘制等高线，可通过编辑夹点，调整曲线圆滑程度（见图 6-2-13 ）。

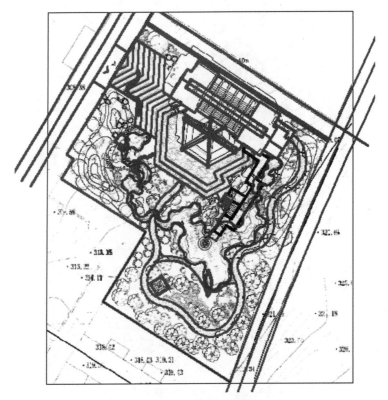

图 6-2-13 带有底图的框架完成

6. 完成并显示绘制框架内容

最后将"01-底图"图层隐藏，即将插入的图片隐藏。视图显示效果如图6-2-14所示。

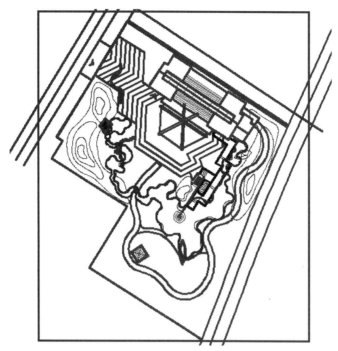

图6-2-14 完成并隐藏地图，绘制完成框架内容

6.3 绘图次序

绘图次序工具栏主要用于更改图像和其他对象的绘制顺序，如图6-3-1所示。

1. 前置

将选定对象移动到图形中对象顺序的顶部。

- 菜单：【工具】→【绘图次序】→【前置……】（见图6-3-2）。
- 快捷键：DR（DRAWORDER）→【回车】。
- 绘图次序工具栏：▣。

图6-3-1 绘图次序工具栏

图6-3-2 绘图次序下拉菜单

如图6-3-3（a）所示将斜线前置操作方式：选择【前置】或输入快捷键DR→【回车】，单击选择斜线填充样式，右击确认，F→【回车】，完成斜线前置的操作，如图6-3-3（b）所示。

2. 后置

将选定对象移动到图形中对象顺序的底部。

- 绘图次序工具栏：▣。

如图6-3-4（a）所示将斜线后置操作方式：选择【后置】或输入快捷键DR→【回车】，单击选择斜线填充样式，右击确认，再次【回车】，完成斜线后置的操作，如图6-3-4（b）所示。

（a）　　　　　　　　　　　　　　　　　（b）

图6-3-3　前置操作
（a）原图；（b）虚线前置效果

（a）　　　　　　　　　　　　　　　　　（b）

图6-3-4　后置操作
（a）原图；（b）虚线后置效果

3. 置于对象之上和置于对象之下

（1）置于对象之上：将选定对象移动到指定参照对象的上面。

（2）置于对象之下：将选定对象移动到指定参照对象的下面。

第7章 园林绿地各要素图案填充

7.1 图案填充和渐变色启动与填充方法

图案填充和渐变色用于表达一定区域的材料特征。在绘制园林平面、立面或剖面图中，经常要使用某种图案或颜色去重复填充图形中的某些区域，从而表达一定材质的特征。

可使用填充图案、实体填充或渐变填充来填充封闭区域或选定的对象。比如：砖墙、水体和混凝土等通常都有其表示的样式，在 AutoCAD 2014 中进行图案的填充可以使用填充命令来实现。

7.1.1 图案填充和渐变色启动

1.命令的启动

● 菜单：【绘图】→【图案填充】。

● 快捷键：H（HATCH）→【回车】。

● 绘图工具栏： 。

在弹出的【图案填充和渐变色】对话框中，左侧部分显示【图案填充】和【渐变色】两个选项卡，右侧包括【边界】【选项】等设置，每一组内容都有其对应的选项设置，如图 7-1-1 所示。通过该项能够完成图案填充和颜色填充两种样式。

点击右下角"更多选项"按钮 ，会弹出【高级选项】对话框（见图 7-1-2），通过展开区域选项的设置将更灵活的进行图案的填充。

图 7-1-1　图案填充和渐变色对话框

图 7-1-2　图案填充展开高级选项对话框

2.图案填充选项卡

在【图案填充】选项卡中"类型和图案"选项可以用来选择不同的图案样例（见图 7-1-3）。

"类型"下拉列表提供了"预定义""用户定义"和"自定义"三个选项。

"图案"下拉列表中提供了大量的填充图案样式名称，可以从中选择；单击右侧的按钮，可打开【图案填充选项板】对话框，能够更直观的观察图案样式。对话框中提供了 4 组选项卡，分别为"ANSI""ISO""其他预定义"和"自定义"，可以根据所需样式从中选择（见图 7-1-4）。

图 7-1-3　图案填充选项卡

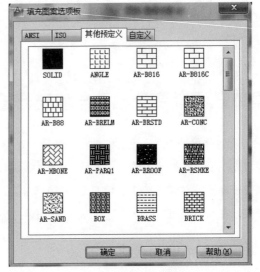

图 7-1-4　可选择的图案样式

"样例"通过预览的形式直接显示图案样式。

"角度"通过输入角度值，确定填充图案样式的旋转角度。

"比例"通过调整比例大小，确定所填充图案的大小，默认比例值为 1。

3. 渐变色选项卡

使用"渐变色"选项卡可以对图形区域进行颜色渐变填充。单击【渐变色】按钮，可以显示相关选项，如图 7-1-5 所示。在【颜色】选项当中包括了"单色"和"双色"两种颜色的填充方式。

（1）单色。单击其色块右侧的小按钮，弹出【选择颜色】对话框。用户可从该对话框中直接单击【索引颜色】【真彩色】和【配色系统】选择需要的颜色（见图 7-1-6）。再通过由"暗"至"明"滑块调整渐变效果。

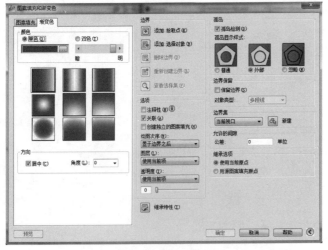

图 7-1-5　渐变色对话框

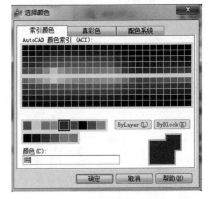

图 7-1-6　选择颜色对话框

（2）双色。单击该按钮，将显示"颜色 1"和"颜色 2"两条颜色。用户可定义两种颜色形成渐变效果。

中间 9 个大色块用来调整渐变类型，如"左右渐变""对称渐变"等渐变样式。

【方向】选项中可以通过"居中"和"角度"两项，确定所选的颜色是否以居中的方式渐变，并可以控制形成渐变的方向。在角度下拉菜单中选择一个角度值，也可在文本框键入需要的角度值。

7.1.2 填充图案的方法

填充图案是用指定的图案对一定范围进行填充，用以表达不同材料的特征。

1. 添加：拾取点

即指定对象封闭区域内的任意点，选择填充范围进行填充。操作方法如下：

（1）选择填充图案样式。输入填充快捷键 H【回车】，在【图案填充】选项板中点击"样例"图案显示区，在弹出的【图案填充选项板】，选择图案如"NET3"（见图 7-1-7），单击【确定】按钮。

图 7-1-7　选择图案样式

（2）选择填充边界。"边界"选项中单击 ▦ 添加：拾取点 (K) 按钮，填充范围内任意一点单击，待变成虚线边缘样式时右击（见图 7-1-8），选择"预览"，填充范围将以图案或色块形式出现。

（3）调整图案样式。单击在弹出的"图案填充"选项板中调整相关选项，单击【预览】可以观察效果。可调选项有"类型和图案""角度和比例"等。如：在"比例"选项处输入一定的比例值，调整到合适的疏密度即可，如图 7-1-9 所示，也可以调整图案的旋转角度或图案样式。

（4）完成填充。预览时右击可完成填充，或在【图案填充选项板】对话框单击【确定】按钮。

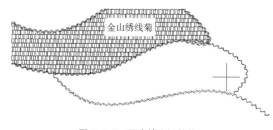

图 7-1-8　图案填充调整前

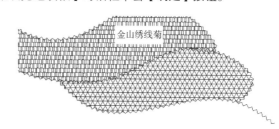

图 7-1-9　图案填充完成

2. 添加：选择对象

根据构成封闭区域的对象确定边界，选择的区域必须为封闭且边界为一体。操作方法如下：

（1）选择填充的图案样式。输入填充命令快捷键 H→【回车】，选择图案"CROSS"，【确定】按钮。

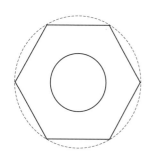

图 7-1-10　选择填充区域轮廓

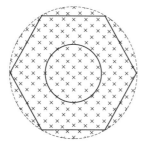

图 7-1-11　填充完的图案样式

（2）选择填充边界。单击对话框中【添加：选择对象】按钮，单击要填充内容的边界，呈高亮显示（见图 7-1-10），右击并选择"预览"，可显示填充效果。

（3）调整图案样式。单击回到"图案填充"选项板，调整比例和角度，通过【预览】观察图案是否合理。

（4）完成填充。预览时右击或【图案填充选项板】对话框单击【确定】按钮（见图 7-1-11）。

7.1.3 填充颜色的方法

指定是使用单色还是使用双色、混合色填充图案、填充边界。它可以显示实体填充或渐变填充。

1. 实体填充

（1）选择填充的颜色。输入填充命令快捷键 H→【回车】，在弹出的"图案填充"选项板中单击"样例"图案显示区，弹出的【图案填充选项板】，选择第一项"SOLIT"，单击【确定】按钮。

（2）选择填充边界。"边界"选项中单击 ▦ 添加：拾取点 (K) 按钮，填充范围内任意点单击，呈高亮显示时右击，

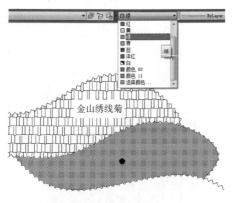

图 7-1-12 调整实体填充的颜色

选择"预览",填充范围将以色块形式出现,再次右击结束操作。

(3)调整色彩变化。填充颜色以当前显示颜色为准。如果要调整颜色,可选中色块,单击【特性】工具栏的【颜色控制】选项框,指定为其他颜色即可,如图 7-1-12 所示改为绿色实体填充效果。

2. 渐变色填充

渐变色填充分为单色和双色两种形式。单色即指定填充是使用一种颜色与指定染色(颜色与白色混合)间的平滑转场。双色即指定在两种颜色之间平滑过渡的双色渐变填充。

(1)命令的启动。

● 菜单:【绘图】→【渐变色】。

● 快捷键:H(HATCH)→【回车】→【渐变色】选项卡。

● 绘图工具栏:▦。

(2)单色渐变。

启动渐变色命令选项卡,选择"单色",单击【浏览】按钮选择任意颜色,选择渐变类型中第一项"水平渐变"样式;单击右侧【添加:拾取点】按钮,指定要填充的范围,右击选择"预览",再次右击完成操作,如图 7-1-13 所示单色渐变效果。

(3)双色渐变。

启动【渐变色】命令选项卡,选择"双色",在颜色 1 和颜色 2 上分别单击【浏览】按钮,选择两种不同颜色,选择"水平渐变"样式;选择右侧【添加:拾取点】按钮,指定要填充的范围,右击选择"预览",再次右击完成操作,如图 7-1-14 所示双色渐变效果。

图 7-1-13 单色渐变

图 7-1-14 双色渐变

7.1.4 填充高级选项

【图案填充和渐变色】对话框中单击右下角"更多选项"按钮◉,会展开弹出【孤岛】选项(见图 7-1-15),孤岛显示样式包括"普通""外部"和"忽略"三种形式。通过孤岛显示样式的设置将更灵活地进行图案的填充(见图 7-1-16)。

普通:由外部边界向内隔层填充,即填充与不填充交替进行。

外部:仅填充最外层区域,内部都不填充。

忽略:忽略填充范围内所有的边界,直接填充。

图 7-1-15 填充高级选项

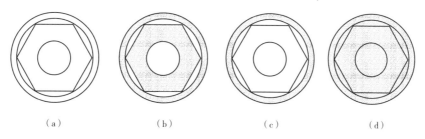

图 7-1-16　孤岛填充显示样式

（a）原图；（b）普通；（c）外部；（d）忽略

7.2　图案填充注意事项及编辑修改

7.2.1　图案填充注意事项

1. 要求填充边界必须封闭

填充时，如果边界未封闭，在端点处会出现圆圈提示未闭合位置（见图 7-2-1），并弹出【边界定义错误】对话框（见图 7-2-2）。

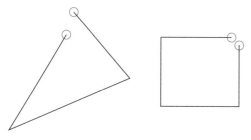

图 7-2-1　渐变色对话框

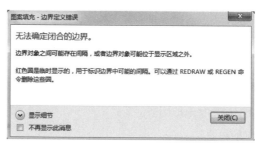

图 7-2-2　边界定义错误对话框

2. 通过图案填充范围的显示，加快填充速度

填充命令在选择填充范围时，会运算画面内显示的所有图形。如图 7-2-3 所示，若要填充云线范围内的图形，会运算完周围所有图形才能选择上该图形的边界，影响填充速度。因此尽可能只显示要填充的区域（见图 7-2-4），减少周围运算的图形，将提高边界识别的速度，从而提高作图效率。

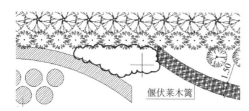

图 7-2-3　选择填充边界

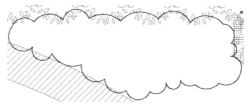

图 7-2-4　将填充边界放大显示在画面内

3. 填充范围内若有文字，文字处会自动断开

如图 7-2-5 所示，在含有文字的范围内填充图案，文字处会自动断开。填充内容与文字相关联，如果改变图形范围或文字的位置，填充样式会随之改变（见图 7-2-6）。

图 7-2-5　文字处自动断开

图 7-2-6　改变填充范围及文字位置

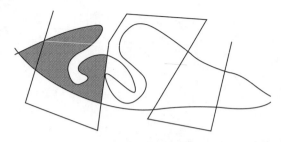

图 7-2-7 多段线辅助填充

4. 局部修改

每次填充的图案是一个整体，如果需要局部修改，则要用 Explode 炸开（一般少用）。

5. 较复杂区域填充技巧

如果填充区域较复杂，不易被选择并填充，可以尝试用多段线分割区域，将需要填充的范围分为多块，再单块并逐块进行填充（见图7-2-7），填充完后删除多段线即可。

7.2.2 图案填充编辑修改

图案填充完成后，可对图案对象进行编辑修改。命令的启动如下：

- 菜单：【修改】→【对象】→【图案填充】。
- 快捷键：H（HATCH）→【回车】。
- 绘图工具栏：▨。
- 快捷方式：双击要修改的图案。

启动该命令，单击要修改的图案。可根据绘图需要对其图案及其填充特性进行修改。可以对图案样式、图案的比例大小、旋转角度等进行重新调整。

7.2.3 继承特性

继承特性是将选定对象的特性应用于其他对象。即使用选定图案填充对象的图案填充或填充特性对指定的边界进行填充，继承已有的图案样式。

1. 命令的启动

- 【图案填充和渐变色】对话框中"继承特性"▨按钮。
- 快捷键：MA（MATCHPROP）→【回车】。

2. 操作方法

（1）按钮操作。输入填充命令快捷键H→【回车】，选择【图案填充和渐变色】对话框右下角单击▨按钮，单击已有的图案样式，如金山绣线菊填充样式，光标变为笔刷显示（见图7-2-8）；单击要填充范围内的任意点，右击，选择"预览"（见图7-2-9），再次右击确认，完成继承特性操作。

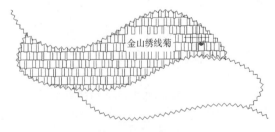

图 7-2-8 继承源对象

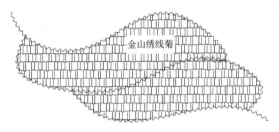

图 7-2-9 继承特性完成后显示样式

（2）快捷键操作。使用快捷键操作更方便、灵活，但要求填充内容完成以后再使用。示例如下：

输入填充命令快捷键H→【回车】，单击▣ 添加:拾取点(K)按钮，单击要填充范围内任意点，右击"预览"，填充范围将以其他样式的图案或色块形式出现，右击确认填充完成。

输入继承特性快捷键MA→【回车】，单击源对象，如金山绣线菊填充样式，光标变为笔刷显示（见图7-2-10）；选择目标对象，单击要修改的图案样式即可，完成样式如图7-2-11所示。

图 7-2-10 继承源对象

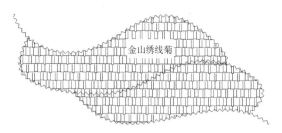

图 7-2-11 继承特性完成后显示样式

7.3 园林各要素的图案填充

使用"自然式园林绿地方案"如图 7-3-1 所示，本部分主要讲述草坪、广场和水体等园林要素的填充方法。

7.3.1 园林绿地画面效果设置

（1）打开之前绘制的"自然式园林绿地方案"，将其另存（CTRL+SHIFT+S），名称自定。

（2）输入快捷键"LA"图层特性管理器的相关内容（见图 7-3-2）。

1）调整图层线宽。将"02 道路""03 建筑""04 栈道"和"05 水体"图层线宽设置为默认。

2）调整画面颜色。将"02 道路""03 建筑""04 栈道""05 水体"和"06 微地形"图层颜色调整为 7 号颜色。

3）将"08 草坪"图层置为当前层。

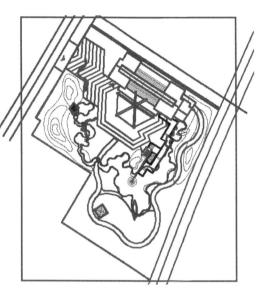

图 7-3-1 自然式园林绿地方案框架图完成效果

状态	名称	开	冻结	锁定	颜色	线型	线宽	透明度	打印...	打.	新.
	0				■ 白	Continuous	—— 默认	0	Color_7		
	01底图				■ 98	Continuous	—— 默认	0	Color...		
	02道路				■ 白	Continuous	—— 默认	0	Color_7		
	03建筑				■ 白	Continuous	—— 默认	0	Color_7		
	04栈道				■ 24	Continuous	—— 默认	0	Color...		
	05水体				■ 166	Continuous	—— 默认	0	Color...		
	06微地形				■ 白	ACAD_ISO02...	—— 默认	0	Color_7		
	07植物灌木层				■ 106	Continuous	—— 默认	0	Color...		
	07植物乔木层				■ 98	Continuous	—— 默认	0	Color...		
	07植物水生植物				■ 94	Continuous	—— 默认	0	Color...		
✓	08草坪				■ 72	Continuous	—— 默认	0	Color_7		

图 7-3-2 调整图层相关设置

（3）修剪超出图框的线段。

（4）将水体常水位线在【特性】工具栏线宽选项单独设置为 0.3mm；等深线在线型选项设置为虚线样式；建筑轮廓线调整为中线；调整完最后效果如图 7-3-3 所示。

7.3.2 草坪的填充

命令行输入填充快捷键"H"→【回车】，在弹出的【图案填充和渐变色】对话框中单击【样例】按钮，弹出【填充图按选项板】对话框中选择适合作为草坪的图案样式，如"DOTS""CROSS""GRASS""SWAM"等样式。本图以"DOTS"为例，单击【确定】按钮。

单击 添加:拾取点(K) 按钮，单击要填充的范围内任意点，选区高亮显示后，右击选择"预览"，画面预览出填充效果（见图7-3-4）。

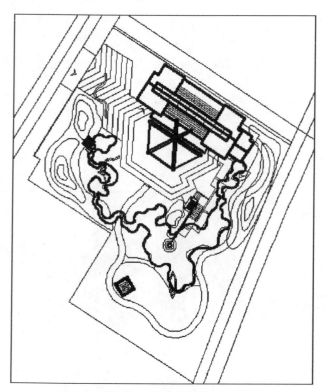

图7-3-3 调整完画面效果

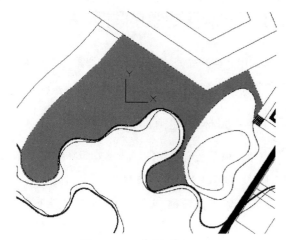

图7-3-4 预览草坪填充效果

图案样式填充不理想，可以单击继续调整比例等参数，如本图比例设置为100，预览效果如果理想，右击结束命令，单块草坪样式填充完毕（见图7-3-5）。

依次填充其他多块草坪。如果填充区域较复杂，不易被选择并填充，输入"PL"多段线将需要填充的范围分为多个小块，再单块进行填充（见图7-3-6），填充完后删除多段线即可。

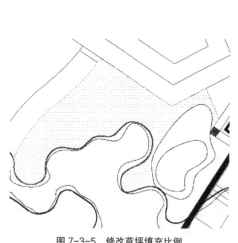

图7-3-5 修改草坪填充比例

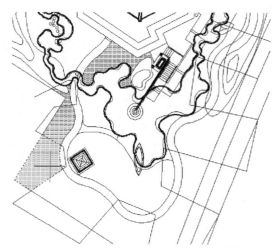

图7-3-6 分割草坪填充

如果草坪单块面积比较小，在单击【添加：拾取点】按钮后，可以同时单击多块绿地范围进行选择并填充，更能提高作图效率。填充完草坪之后，整体效果见图7-3-7所示。

7.3.3 水体图案填充

水体填充的方法同草坪填充方法，推荐选样式有"DASH""MUDST""CLAY"等，选择任意一种样式的效果。填充完水体后将所绘制辅助线删除即可。

注意：部分图结合整体效果，为形成虚实、明暗变化，也可不填充水体。

7.3.4 其他要素图案填充

结合画面需要，广场、花卉等多种样式也可适当填充，建议考虑整体效果处理如图 7-3-8 所示。填充图案样式结合整体效果表达，图案及颜色不能太乱。

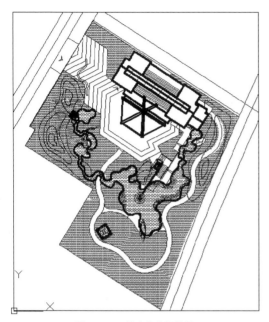

图 7-3-7　填充完草坪效果

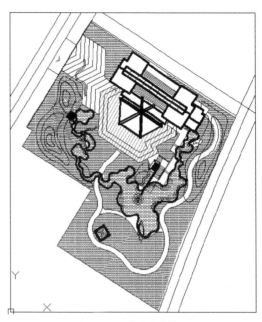

图 7-3-8　填充完成效果

本次课上机练习并辅导

1. 完成本节水体、草坪、铺装等填充内容。

2. 绘制完成路缘石 / 铺装详图（见图 7-1）。

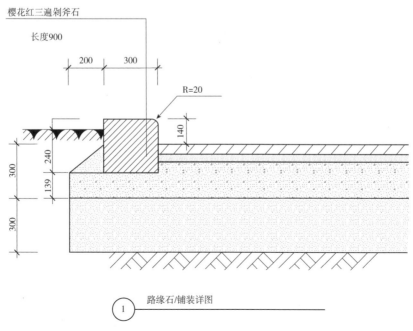

图 7-1　路缘石 / 铺装详图

第8章　园林植物种植表现

各园林设计要素表达过程中，植物等样式是在同张图中反复出现的，以前讲的 COPY、MIRROR 等命令可以重复同一图形，但如果规则的行列式或沿某一边界规则的种植同一种树，一株一株复制较繁琐。因此，在这一讲我们主要运用 AutoCAD 2014 制图的阵列等相关命令，就可以使这一过程简化，大大提高绘图的效率。

8.1　阵列

阵列命令是非常强大的多重复制命令，其功能是复制图形对象并将其排列成矩形阵、环形阵或按路径排列图形。

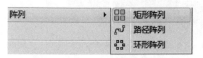

图 8-1-1　阵列命令

根据阵列方式的不同主要分为矩形阵列、环形阵列和路径阵列（见图 8-1-1）。将以矩形、环形或沿指定路径均匀分布对象的多个副本，形成矩形阵、环形阵或自由路径均匀排列阵。使用阵列命令可以对图形进行有规则的多重复制。

8.1.1　矩形阵列

矩形阵列可以按指定的行和列，以及对象的间隔距离对图形进行多重复制，在矩形阵列中，图形分布到任意行、任意列或层。

命令的启动方式如下：

● 菜单：【修改】→【阵列】→【矩形阵列】。

● 快捷操作：AR（arrayrect）→【回车】，单击选择图形，右击确认，输入矩形阵列类型"R"。

● 修改工具栏：▤。

1. 单行阵列

（1）启动命令。单击修改工具栏"▤"按钮，启动矩形阵列命令，单击选择要阵列的对象，右击确认。

（2）设置行数。输入矩形阵列 R【回车】，按行阵列输入 R，输入行数"1"【回车】，两次【回车】指定行间距。

（3）设置列数。输入 col【回车】，输入列数 6【回车】，再次【回车】。

（4）设置间距。输入间距"S"【回车】，输入列间距 3000【回车】，再次【回车】，屏幕显示水平方向图形（见图 8-1-2）。

（5）设置关联，输入"AS"【回车】，再次【回车】确认结束命令，阵列出的图形将关联；若输入"N"【回车】，再次【回车】结束命令，图形将不关联。再次【回车】结束命令。

图 8-1-2　单行阵列

2. 单列阵列

单列阵列操作方式同单行，不作具体讲解，请参照单行阵列。单列阵列效果如图 8-1-3 所示。

3. 多行多列阵列

（1）启动命令。单击修改工具栏"▤"按钮，启动矩形阵列命令，单击选择对象，右击确认。

（2）设置阵列行数和列数。输入计数"cou"【回车】，输入列数"5"【回车】，行数"4"【回车】。

（3）设置间距。输入间距"S"【回车】，输入列间距3000【回车】，输入行间距3000【回车】，再次【回车】结束命令，阵列效果如图8-1-4所示。

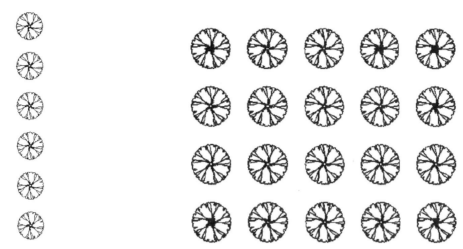

图 8-1-3　单列阵列完成后效果　　　　　　　　　　　　图 8-1-4　多行多列阵列预览

8.1.2　极轴阵列

极轴阵列即环形阵列，项目将围绕指定的中心点或旋转轴以循环运动均匀分布。环形阵列可以按指定的数目、旋转角度或对象间的角度进行多重复制，形成由选定的对象组成的环形阵列。

1. 命令的启动方式

● 菜单：【修改】→【阵列】→【环形阵列】。

● 快捷操作：AR（arraypolar）→【回车】，单击选择图形，右击确认，输入阵列类型"PO"。

● 修改工具栏：▓。

2. 操作基本方法

（1）启动命令。单击修改工具栏"▓"按钮，启动环形阵列命令，单击选择要阵列的对象，右击确认。

（2）指定阵列的中心点，在圆形中心位置单击圆心捕捉点。

（3）输入"1"【回车】，确定阵列数量，如"12"【回车】，指定阵列角度，默认"360°"【回车】，再次【回车】确认结束命令，阵列效果如图8-1-5所示。

实训8-1　请阵列出如图8-1-6所示广场样式，已知外圆直径为20m，其他尺寸自定。

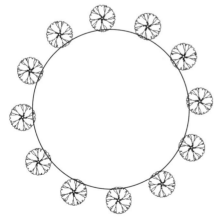

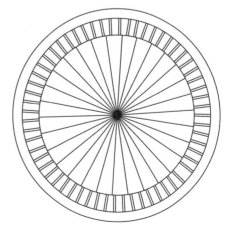

图 8-1-5　环形阵列　　　　　　　　　　　　　　　　图 8-1-6　圆形广场样式

实训8-2 根据标注尺寸绘制园林桌凳平面图，如图8-1-7所示。

实训8-3 根据标注尺寸绘制花钵平面图，如图8-1-8所示。

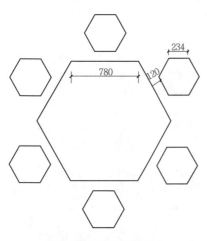

图8-1-7 园林桌凳平面图

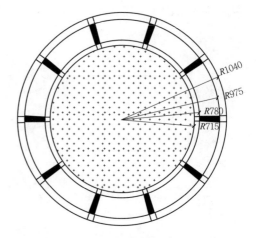

图8-1-8 花钵平面图

3. 植物图例样式演示

（1）新建"植物图例"层，绘制半径分别为3和0.52的圆，将小圆的圆心落在大圆的周长上，如图8-1-9（a）所示。

（2）应用"环形阵列"命令，将小圆阵列，参数中阵列数量为"18"，"角度"为"360"，效果如图8-1-9（b）所示。

（3）垂直绘制大圆直径，环形阵列数量为"4"，效果如图8-1-9（c）所示。

（4）综合运用"剪切（tr）、拉伸（ex）、删除（e）"等命令绘图，完成改植物图例；圆内建议适当增加枝条线段，使树形样式更自然。完成效果如图8-1-9（d）所示。

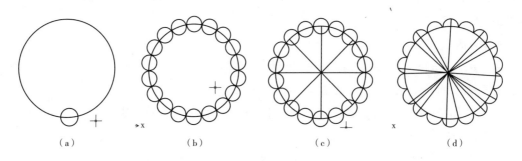

（a）　　　　　　　（b）　　　　　　　（c）　　　　　　　（d）

图8-1-9 植物图例样式

（a）绘制植物轮廓；（b）阵列小圆形；（c）阵列直径；（d）完成样式

8.1.3 路径阵列

在路径阵列中，项目将均匀地沿路径或部分路径分布。路径可以是直线、多段线、三维多段线、样条曲线、螺旋、圆弧、圆或椭圆。

1. 命令的启动方式

● 菜单：【修改】→【阵列】→【路径阵列】。

● 快捷操作：AR（arraypath）→【回车】，单击选择图形，右击确认，输入环形阵列类型"PA"。

● 修改工具栏：📐。

2. 操作基本方法

（1）单击修改工具栏"📐"按钮，启动路径阵列命令，单击选择要阵列的对象，如图8-1-10所示，右击确认。

（2）单击选择路径曲线；输入R【回车】，确定行数为1，输入1【回车】，2次【回车】；输入L【回车】，输入物体间的间距，【回车】，输入指定项目数，如10【回车】。

（3）沿路径平均等分后，再次【回车】确认结束命令，路径阵列效果如图8-1-11所示。

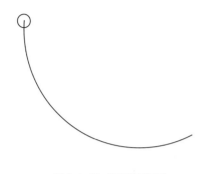

图8-1-10　选择阵列圆形

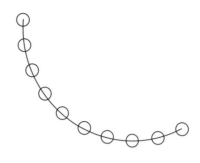

图8-1-11　路径阵列完成效果

8.2　修订云线

修订云线是由连续圆弧组成的多段线。弧长表示云线中圆弧的长度。最大弧长不能大于最小弧长的三倍。

1. 绘制云线

（1）命令的启动方式。

● 菜单：【绘图】→【修订云线】。

● 快捷操作：RE（revcloud）→【回车】。

● 绘图工具栏：🖾。

图8-2-1　云线绘制效果

（2）操作基本方法。单击修改工具栏"🖾"按钮，启动修订云线命令，输入弧长"A"【回车】，指定最小弧长，如2000【回车】，指定最大弧长，如4000【回车】，指定起点绘制云线，效果如图8-2-1所示。

2. 转换对象

单击修改工具栏"🖾"按钮，启动修订云线命令，输入对象"O"【回车】，单击选择云线样式，反转方向输入"Y"【回车】，云线效果如图8-2-2所示。

3. 手绘云线

单击修改工具栏"🖾"按钮，启动修订云线命令，输入样式"S"【回车】，输入手绘样式"C"【回车】，指定起点绘制手绘云线，效果如图8-2-3所示。

如果要切换回普通样式，在输入样式后，根据命令行提示输入普通样式"N"【回车】即可。

图8-2-2　云线转换效果

图8-2-3　云线手绘效果

8.3 块

8.3.1 创建块

块是将图形中反复出现的图形的集合结合成单一的实体。AutoCAD 2014 中非常重要，掌握好图块技术会大大提高作图的效率。命令的启动方式如下：

- 菜单：【绘图】→【块】→【创建块】。
- 快捷操作：B（BLOCK）→【回车】。
- 绘图工具栏：🗒。

块应用特别方便，建议所有植物图例都编辑块来使用。以环形阵列所制作的植物图例为例创建块，方法如下：

（1）打开植物图例文件，输入快捷键"B"回车，弹出"块定义"对话框，如图8-3-1所示。

（2）单击"选择对象"按钮，框选植物图例，右击弹回原对话框；再单击"拾取点"按钮，拾取植物圆心位置；在对话框内，定义名称为"榆树"，如图8-3-2所示。

图 8-3-1 块定义对话框

图 8-3-2 块定义对话框设置完成

（3）单击【确定】按钮，块的定义完成，效果如图8-3-3所示。

表面看块与原来的图形没什么区别，但是单击树木任意位置，将会选中整个图形，效果如图8-3-4所示，该图例只显示一个捕捉点，表示已经编辑为块。

图 8-3-3　定义块完成

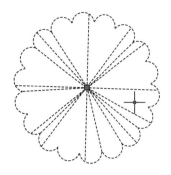

图 8-3-4　选择块后的状态

8.3.2　插入块

做好的图例编辑成块以后，可以插入到所绘制的文件中，插入块的时候可以指定它的位置、缩放比例和角度。

命令的启动方式如下：

● 菜单：【插入】→【块】。

● 快捷操作：I（INSERT）→【回车】。

● 绘图工具栏：

图 8-3-5　插入块对话框

启动命令后，将弹出【插入】对话框，名称位置选择已经定义好的图块名称，如"榆树"，可以指定它的位置、缩放比例和角度等参数（见图 8-3-5），或默认，单击【确定】按钮，单击屏幕即可将图块插入。

8.3.3　等分块

1.定数等分块

将块对象沿着对象样式按数量等距离分布。

输入快捷键"DIV"【回车】，单击要定数等分的对象；输入块"B"【回车】，输入要插入的块的名字"榆树"【回车】，再次【回车】表示对齐块；输入要等分的线段数目，如"10"【回车】，画面图形将被 9 棵树等分成 10 段，如图 8-3-6 所示。

图 8-3-6　定数等分块

2.定距等分块

将块对象按照准确的长度等分。

输入快捷键"ME"回车，点击要定数等分的对象；输入块"B"【回车】，输入插入的块的名字"榆树"【回车】，再次【回车】表示对齐块；指定等分线段长度，如"3000"【回车】，画面图形将被按照长度等分，如图 8-3-7 所示。

图 8-3-7　定距等分块

8.3.4　编辑块

　　打开【参照编辑】工具栏，如图 8-3-8 所示。选择  "在位编辑参照"工具，单击要修改的图形，弹出【参照编辑】对话框如图 8-3-9 所示，【确定】；可以进入到块内部进行调整，如树的形态、颜色等都可以进行重新修改，如图 8-3-10 所示；单击 "关闭参照编辑"按钮，可以保存所改图形的样式，编辑完成。

图 8-3-8　参照编辑工具栏

图 8-3-9　参照编辑对话框

图 8-3-10　树枝进行删除、颜色改变效果

　　实训 8-4　参照图例绘制 18 组植物样式，并编辑成块。

　　可使用的方法有：几何图形绘制、曲线徒手绘制、环形阵列绘制、PL 线绘制和云线绘制树木等多种方法，可参照下列样式绘制树木图例样式，如图 8-3-11 所示。

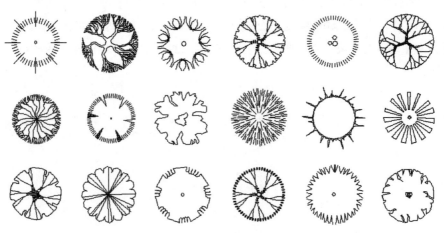

图 8-3-11　植物图例样式参考

8.3.5　创建及编辑带有属性的块

1.创建带有属性的块

　　属性是将数据附着到块上的标签或标记。命令的启动方式如下：

菜单：【绘图】→【块】→【定义属性】。

以定位轴号的绘制为例。

（1）定义块的属性。绘制直径为 800mm 的细实线圆形；启动定义属性命令，弹出对话框，设置相关参数，如图 8-3-12 所示，【确定】；拾取圆心位置，轴号 1 定义到圆内。

（2）完成属性块的定义。启动块定义快捷键"B"【回车】，定义名称为"1"；单击【选择对象】，左键框选轴号 1 样例，右击确认；单击【拾取点】，选择圆心位置单击，【确定】；【编辑属性】对话框中再次【确定】。带有属性的块定义完成，如图 8-3-13 所示。

图 8-3-12　定义属性对话框

（3）插入属性块 1。启动输入插入块的快捷键"I"【回车】，弹出【插入】对话框，单击【确定】，指定插入点，单击轴线端点位置如图 8-3-14 所示，输入属性值"1"【回车】，轴号 1 绘制完成，如图 8-3-15 所示。

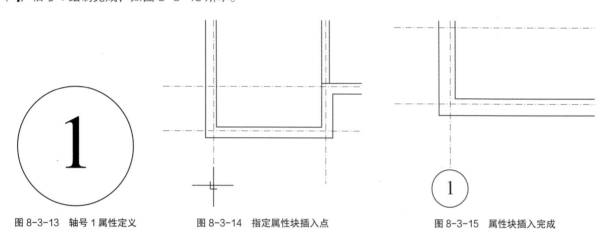

图 8-3-13　轴号 1 属性定义　　　图 8-3-14　指定属性块插入点　　　图 8-3-15　属性块插入完成

（4）插入其他属性块。输入"I"【回车】继续插入属性块，在第二条轴线端点位置单击，输入属性值"2"【回车】，轴号 2 绘制完成。依次绘制完横向的数字轴和竖向的字母轴，如图 8-3-16 所示。修剪多余线段，如图 8-3-17 所示，操作完成。

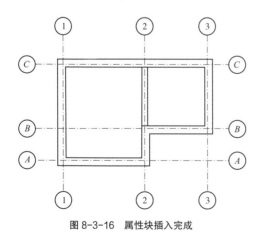

图 8-3-16　属性块插入完成

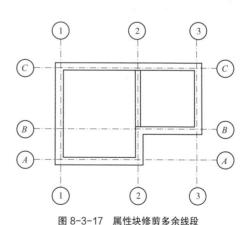

图 8-3-17　属性块修剪多余线段

2. 编辑带有属性的块

● 快捷操作：双击带有属性的块。

● 修改 II 工具栏：🔲。

双击要修改的带有属性的块，弹出【增强属性编辑器】对话框，在"值"文本框中输入要修改的内容即可，

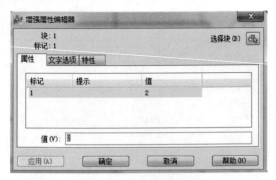

图 8-3-18　增强属性编辑器

如图 8-3-18 所示。

实训 8-5　参照图例样式绘制标高符号样式及指北针样式，并编辑成带有属性的块。

标高符号用来表示某一部位的高度，分为绝对标高和相对标高两种形式，如图 8-3-19 所示。绝对标高是相对于海平面的标高，通常用黑色实心倒三角的形式表现；相对标高是以某水平面为零起点来计算高度的，多用于建筑图上，以细线实线倒空心三角形来表示。

指北针要求直径为 2400mm，指针尾部宽 600mm，字高 500mm，如图 8-3-20 所示。

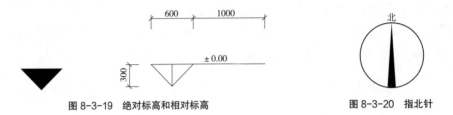

图 8-3-19　绝对标高和相对标高　　　　　　图 8-3-20　指北针

8.4　外部参照

外部参照是一种图形引用方式，它与图形作为块插入最大的区别在于：图块插入后，图形信息会存储在当前图形中；而如果通过外部参照引用，其数据并不存储在当前图形中，而是始终存储在原文件当中，当前的文件只包含对外部文件的引用。

1. 定义外部参照

外部参照对于园林设计施工图纸的绘制非常的方便。如做施工图时，园建、电气、排水和种植，设计人员要共用一张底图，如果利用外部参照引用这张底图，各专业人员可以分工进行工作；当底图发生改变时，各专业设计图纸会自动更新底图样式，这样各专业设计人员会与底图保持同步，就可以避免合作时底图出现偏差了。

命令的启动方式如下：

● 菜单：【插入】→【DWG 参照】。

● 快捷操作：XA（XATTACH）→【回车】。

● 参照工具栏：

外部参照附着操作步骤：

图 8-4-1　选择参照文件对话框

（1）新建 dwg 文件，选择合适的路径，保存为"植物种植图"。

（2）启动单击图标参照命令，弹出【选择参照文件】对话框（见图 8-4-1），选择"园林绿地设计方案图参照用底图"文件；弹出【附着外部参照】对话框，路径类型选择"相对路径"（见图 8-4-2），【确定】。

（3）回到画面中输入"0，0"指定插入点为坐标原点；Z【回车】A【回车】全屏显示；画面以实体的形式呈灰色显示参照图形（见图 8-4-3）操作完成。

注意：外部参照到图形中的文件通常要到源文件中进行修改，修改后的图形自动反映到参照的图形中。

图 8-4-2　附着外部参照对话框

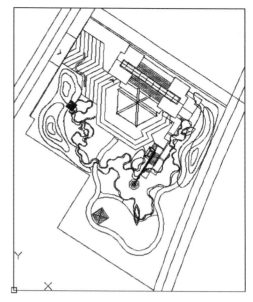

图 8-4-3　参照图形呈灰色显示

2. 外部参照裁剪

该命令用于编辑裁剪外部参照附着和插入的图形在当前图形中显示部分的大小或形状。裁剪外部参照命令的启动方式如下：

● 快捷操作：XC（XCLIP）→【回车】。

● 参照工具栏：。

外部参照裁剪操作步骤：

（1）在参照的"植物种植图"中新建图层为"边界"层，并置为当前；绘制要使用的边框，裁剪掉红色小方框以外的内容，如图 8-4-4 所示。

（2）启动单击图标"裁剪外部参照"命令，单击底图内容，右击确认。

（3）输入新建边界"N"【回车】，输入选择多段线"S"【回车】，单击红色小边框，完成操作如图 8-4-5 所示。

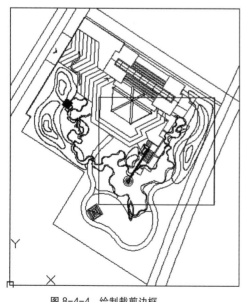

图 8-4-4　绘制裁剪边框

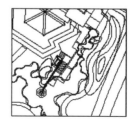

图 8-4-5　外部参照裁剪完成效果

8.5　小型绿地植物种植表现

　　植物是园林重要内容之一，植物配置的好坏关系到绿地的效果。注意在种植搭配时要考虑整体风格、植物属性、搭配层次及色彩效果。

　　（1）打开第7章所绘制的"自然式园林绿地方案"图，并将其另存，如图8-5-1所示。

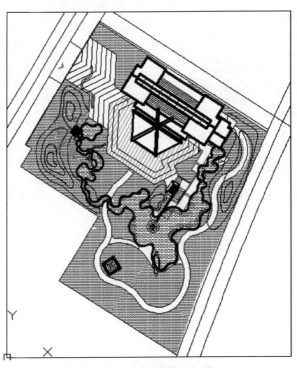

图 8-5-1　自然式园林绿地方案

　　（2）将自己练习所绘制图例样式拷贝至"自然式园林绿地方案"当中。

　　（3）图层特性管理器中，将"07 植物水生植物"层置为当前。

　　（4）水生植物的表现。绘制水生植物轮廓，可用样条曲线命令或多段线命令绘制轮廓；加载并选择"ZIGZAG"线型；填充图案样式作为水生植物的样式，效果如图8-5-2所示。

　　（5）地被植物的绘制。绘制地被植物轮廓，可用修订云线命令绘制轮廓，填充图案样式即可；注意针叶与阔叶可以通过转换对象实现，效果如图8-5-3所示。

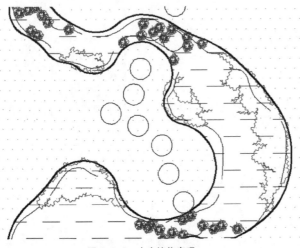

图 8-5-2　水生植物表现

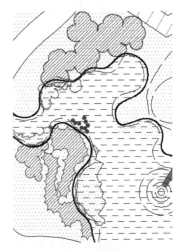

图 8-5-3　局部地被植物表现

（6）乔灌木的表现。将拷贝进来的植物图例进行筛选，并编辑图块至乔木层或灌木层；应用复制命令将图形按照底图植物设计图例大小进行分层复制种植，并完成植物的绘制，效果如图8-5-4所示。

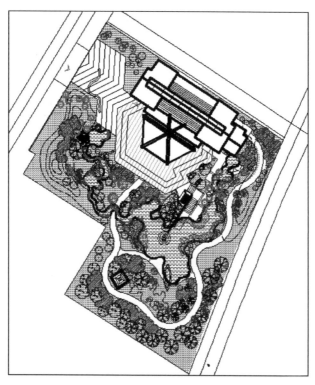

图 8-5-4　植物种植完成效果

第9章　园林总体规划设计平面图表现

9.1　园林总体规划设计平面图概述

园林总体规划设计平面图是表现整个规划区域范围内各要素及周围环境的水平正投影图。它表明了区域范围内园林总体规划设计的内容，反映出地形、山石水体、道路系统、植物的种植、建筑位置和园林各空间场地以及各组成要素之间的平面关系及大小比例关系。

园林总体规划设计平面图一般包含的内容有：图框、标题栏、图名；指北针、比例尺、图例；用地范围；场地道路；地形水体；建筑小品；植物种植和设计说明等。

园林总体规划设计平面图是表现园林设计方案的主要图纸，又是表达园林工程设计意图的主要图纸，也是绘制其他图纸（如透视图、效果图和施工图）的依据。本讲将综合讲解园林总体规划设计平面图的简要绘制过程，如图 9-1-1 所示。

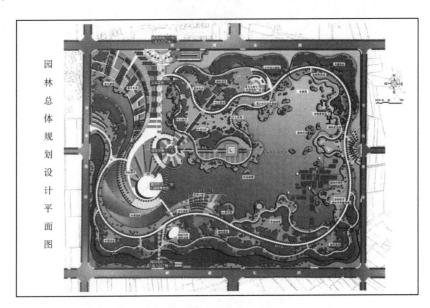

图 9-1-1　园林总体规划设计平面图

9.2　园林总体规划设计平面图绘制步骤

本节通过案例的讲解将前面所学内容综合应用，目的是对已学的知识巩固和综合应用，同时对于园林总体规划设计方案的绘制有了一定程度的提高。已知滨河东路为 30m 宽，滨河东路至新建东路宽为 830m，绘图步骤如下。

9.2.1　设置绘图环境

（1）新建文件，选择合适路径，保存名称为"园林总体规划设计平面图"。

（2）设置图形单位及精度。单位选择"米"，精度选择 0.00。

（3）状态栏中打开线宽显示按钮，并打开对象捕捉。

（4）输入图层特性管理器快捷键"LA"，新建多个图层（见图9-2-1）。

（5）设置标注文字及数字、字母的样式，设置尺寸标注样式。

状态	名称	开	冻结	锁定	颜色	线型	线宽
	0				■白	Continuous	—— 默认
	Defpoints	♀	☼	⌂	■白	Continuous	—— 默认
	道路	♀	☼	⌂	■红	Continuous	—— 0.30 毫米
	底图	♀	☼	⌂	■白	Continuous	—— 默认
	建筑	♀	☼	⌂	■172	Continuous	—— 0.30 毫米
	绿化	♀	☼	⌂	■81,209...	Continuous	—— 默认
	铺装	♀	☼	⌂	■14	Continuous	—— 默认
	其它	♀	☼	⌂	■白	Continuous	—— 默认
	水体	♀	☼	⌂	■160	Continuous	—— 0.30 毫米
	图框	♀	☼	⌂	■白	Continuous	—— 默认
	微地形	♀	☼	⌂	■230	Continuous	—— 0.30 毫米
	植物图例	♀	☼	⌂	■114	Continuous	—— 默认

图 9-2-1　建立新图层

9.2.2　插入图像并设置比例

1. 插入图像

将新建的"底图"层置为当前，【插入】→【光栅图像参照】，选择园林规划底图，弹出【附着图像】对话框（见图9-2-2），【确定】；指定插入点，输入（0，0）【回车】，在屏幕内拖动光标并单击任意点即可导入图片（见图9-2-3）。

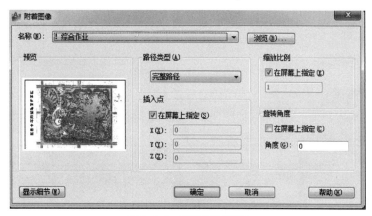

图 9-2-2　附着图像对话框

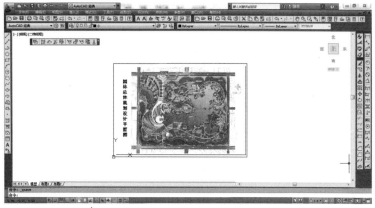

图 9-2-3　插入图片

2. 调整图像比例

画面表达面积较大，建议绘图比例为 1：1000。但由于每次操作导入的图像尺寸是不同的，需要为图像比例关系进行相关调整。

（1）将道路图层置为当前层；点开"F8"正交模式，绘制"滨河东路"线段，偏移线段至"新建东路"，如图9-2-4所示，标注出两线段之间的距离为370.82m。

（2）比例缩放"SC"【回车】，框选所有图形，右击确认；在（0，0）点位置指定基点，输入参照"R"【回车】，输入测量的距离"370.82"【回车】，输入实际尺寸"830"【回车】。

（3）全屏显示Z【回车】，A【回车】；删除标注尺寸和偏移出的尺寸即可，图像比例调整完成。

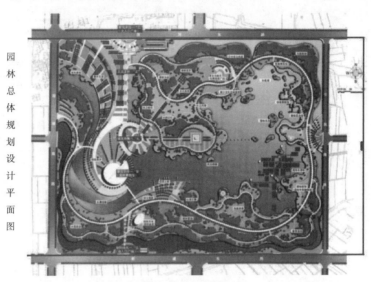

图9-2-4　标注尺寸

9.2.3　绘制画面整体框架

1.绘制城市主干道路框架

使用直线、偏移等工具绘制主干道路框架如图9-2-5所示，通过修剪、倒圆角等命令进行编辑。

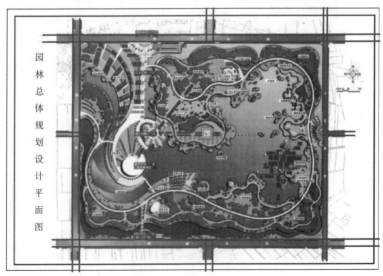

图9-2-5　绘制城市主干道路

2.绘制园内主要道路及建筑

通过样条曲线工具分别绘制一级道路、二级道路和三级道路。综合运用PL（多义线）、直线（L）、弧（A）、圆（C）、矩形（RE）等绘图命令和剪切（TR）、拉伸（S）、圆角（F）、偏移（O）、复制（CO）、镜像（MI）、矩阵（AR）等修改命令，绘制道路、广场、建筑绿地的边界，效果如图9-2-6，图9-2-7所示。

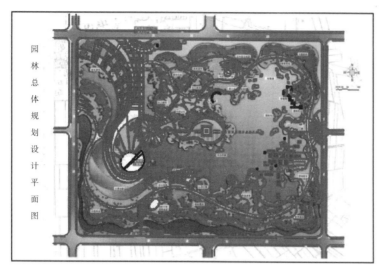

图 9-2-6　绘制园内主要道路

3. 绘制水体

运用样条曲线绘图命令描绘水体，运用编辑命令修剪（TR）等修改编辑图形。隐藏"底图"层，水体效果如图 9-2-8 所示，水体轮廓效果如图 9-2-9 所示。

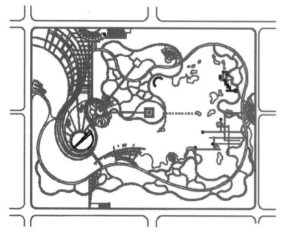

图 9-2-7　隐藏底图所示主要道路轮廓

图 9-2-8　隐藏底图所示含水体轮廓

4. 绘制微地形及铺装等其他内容

运用样条曲线绘图命令描绘水体微地形，隐藏"底图"层，水体效果如图 9-2-10 所示。

图 9-2-9　水体轮廓

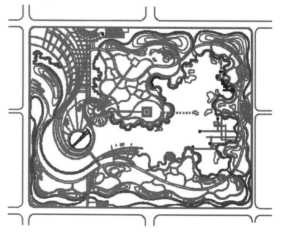

图 9-2-10　隐藏底图所示含微地形轮廓

9.2.4 绘制指北针、比例尺及图框

（1）运用直线、圆、多段线和等分等命令绘制指北针和比例尺，并分别编辑成块（见图9-2-11）。

（2）将以前完成的图框做成块，名称为"图框"，粘贴至本图，调整合适的比例大小，使画面布局饱满（见图9-2-12）。

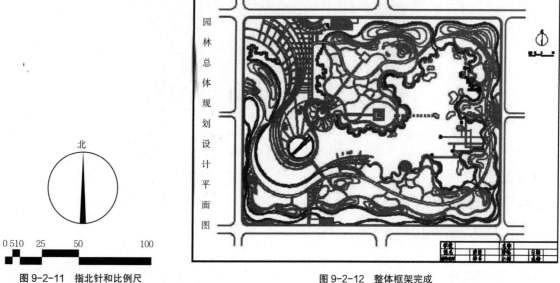

图9-2-11 指北针和比例尺

图9-2-12 整体框架完成

（3）设置画面效果。将图层颜色等参数进行修改，画面效果将整体、统一，效果如图9-2-13所示，线条层次清晰，色彩搭配协调。

图9-2-13 画面整体效果

（4）绘制场地细部。运用线、多段线、剪切、延伸、拉伸和填充等命令绘制局部及铺装效果，进行广场、道路铺装和小品等细部的修饰（见图9-2-14），建筑和水体等注意线宽及线型变化（见图9-2-15）。

图 9-2-14　停车场地及广场细部修饰

图 9-2-15　水体线宽及线型表现

9.2.5　植物种植

编辑多种植物图例，并将其编辑成块，插入植物图块（见图 9-2-16）；选择适当的图例样式进行阵列、等分和复制操作，沿道路、绿地或广场的边界规则式或自然式种植植物，如图 9-2-17 所示，绘制完成。

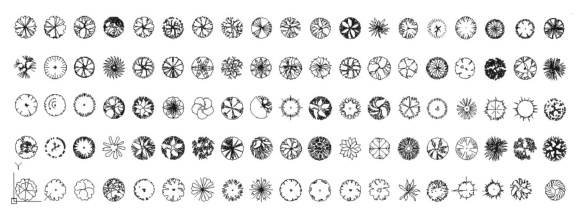

图 9-2-16　植物图例材质

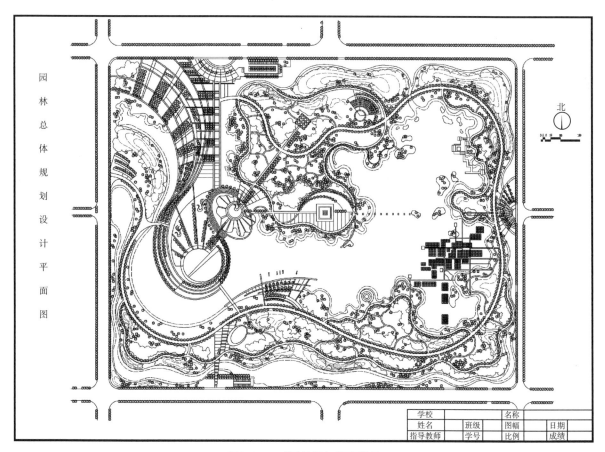

图 9-2-17　整体绘制完成平面效果

第 9 章　园林总体规划设计平面图表现

133

第 10 章　园林施工图绘制及读图规范

10.1　概述

10.1.1　园林施工图组成

园林施工图由以下项目组成。

（1）封皮。

（2）目录。

（3）说明。

（4）总平面图。

（5）施工放线图。

（6）竖向设计施工图。

（7）植物种植施工图。

（8）照明电气图。

（9）喷灌施工图。

（10）给排水施工图。

（11）园林小品施工详图。

（12）铺装剖切断面图。

10.1.2　园林施工图所涉及的问题

（1）图框、图例、字体、标注样式等统一。

（2）图线及分图比例。

（3）顺序、编号（标题栏）。

1）同一类型有相同的图别，按照顺序进行顺序编号，如：园林施工放线图，环境施工（简称“环施”）；植物种植施工图，绿化施工（简称“绿施”）；给排水施工图，给排水施工（简称“水施”）。

2）编排顺序：依据内容，从总体到分布到详图，或者按照分区来排序。

3）尺寸标注方法。

4）索引标注方法（见图 10-1-1）。

10.1.3　施工图的设计深度要求

（1）能够根据施工图编制施工预算。

（2）能够根据施工图安排材料、设备订货和非标准材料加工。

（3）能够根据施工图进行施工和安装。

（4）能够根据施工图进行工程验收。

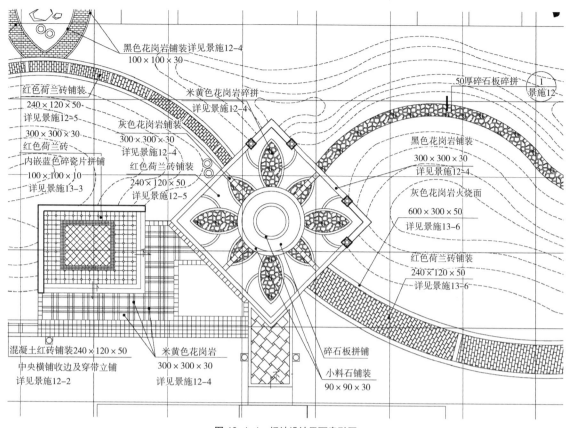

黑色花岗岩铺装详见景施12-4
100×100×30

红色荷兰砖铺装
240×120×50
详见景施12-5
300×300×30
红色荷兰砖
内嵌蓝色碎瓷片拼铺
100×100×30
详见景施13-3

米黄色花岗岩碎拼
详见景施12-4

灰色花岗岩铺装
300×300×30
详见景施12-4
红色荷兰砖铺装
240×120×50
详见景施12-5

50厚碎石板碎拼
景施12

黑色花岗岩铺装
300×300×30
详见景施12-4

灰色花岗岩火烧面
600×300×50
详见景施13-6

红色荷兰砖铺装
240×120×50
详见景施13-6

混凝土红砖铺装240×120×50
中央横铺收边及穿带立铺
详见景施12-2

米黄色花岗岩
300×300×30
详见景施12-4

碎石板拼铺

小料石铺装
90×90×30

图 10-1-1　场地设计平面索引图

10.2　园林施工图绘制的具体要求

10.2.1　图纸要求

1. 文字部分
封皮、目录、总说明、材料表等。

2. 施工放线
施工总平面图、平面布置索引图、场地铺装索引图、各分区施工尺寸放线图、各分区坐标定位图、局部放线详图等。

3. 土方工程
竖向施工图、土方调配图。

4. 建筑工程
建筑设计说明、建筑构造作法一览表、建筑平面图、建筑立面图、建筑剖面图、建筑局部施工详图等。

5. 结构工程
结构设计说明、基础图及基础详图、梁柱详图、局部构件详图等。

6. 电气工程
电气设计说明、主要设备材料表、电气施工平面图、施工详图、电气系统图、控制线路图等。大型工程应按强电、弱电、火灾报警和其智能系统分别设置目录。

7. 给排水工程
给排水设计说明、给排水系统总平面图及局部详图、给水系统图、消防系统图、排水系统图、雨水系统图、浇灌系统图。

8. 园林绿化工程

植物种植设计说明、植物材料表、种植施工图、局部施工放线图、局部剖面图等。如果采用乔灌草多层组合，分层种植设计较为复杂，应该绘制分层种植施工图。

10.2.2　图纸内容

1. 封皮内容

（1）工程名称。

（2）建设单位。

（3）施工单位。

（4）设计时间。

（5）工程项目编号。

2. 目录

（1）文字或图纸的名称、图别、图号、图幅、基本内容和张数。

（2）图纸编号以专业为单位，各专业各自编排各专业的图号。

1）对于大、中型项目，应按照以下专业进行图纸编号：园林、建筑、结构、给排水、电气、材料、附图等。

2）对于小型项目，可以按照以下专业进行图纸编号：园林、建筑、结构、给排水、电气等。

（3）每一专业图纸应该对图号加以统一标识，以方便查找，如：建筑结构施工可以缩写成"建施JS"，给排水施工可以缩写成"水施SS"，种植施工图可以缩写成"绿施LS"。

3. 说明

针对整个工程需要说明的问题，如：设计依据、施工工艺、材料数量、规格及其他要求等。具体内容如下：

（1）设计依据及设计要求：应注明采用的标准图集及依据的法律规范。

（2）设计范围及面积。

（3）标高及标注单位：应说明图纸文件中采用的标注单位，采用的是相对坐标还是绝对坐标。如果为相对坐标，须说明采用的依据以及与绝对坐标的关系。

（4）材料选择及要求：对各部分材料的材质要求及建议。一般对材料的说明包括：饰面材料、木材、防水疏水材料、种植土及铺装材料等。同时，对材料的颜色、规格、型号也应该有所说明。

（5）施工要求：强调需注意工种配合及对气候有要求的施工部分。

（6）经济技术指标：施工区域总占地面积、绿地面积占地比例、水体面积占地比例、道路面积占地比例、铺装面积占地比例、绿化率及工程总造价等。

（7）除了总的说明之外，在各个专业图纸之前还应该配备专门的说明，有时施工图纸中还应该配有适当的文字说明。

4. 施工总平面图

（1）施工总平面图包括的内容。

1）指北针或风玫瑰图、绘图比例、文字说明、景点、建筑物或者构筑物的名称标注、图例表。

2）道路及铺装的位置、尺度、主要点的坐标、主要点的标高以及定位尺寸。

3）小品主要控制点坐标及小品的定位和定型尺寸。

4）地形和水体的主要控制点坐标、标高、控制尺寸。

5）植物种植区域的轮廓。

6）对无法用标注尺寸确定位置的自由曲线园路、广场和水体等，应该给出该部分局部放线详图，用方格网表示，同时标出控制点坐标。

（2）施工总平面图的绘制要求。

1）布局与比例：图纸应该按上北下南方向绘制，根据场地形状或布局，可向左或右偏转，但不宜超过45°。施工总平面图一般采用1：500、1：1000、1：2000的比例绘制。

2）图例：《总图制图标准》中列出了建筑物、构筑物、道路、铁路以及植物等图例，具体内容详见相应的制图标准。如果由于某些原因必须另行设定图例时，应该在总图上绘制专门的图例表进行说明。

3）图线：在绘制总图时应该根据具体内容采用不同的图线。

4）单位：施工总平面图中的坐标、标高、距离宜以米为单位，并应该至少取至小数点后两位，不足时以"0"补齐。详图宜以毫米为单位，如不以毫米为单位，应另加说明。

建筑物、构筑物、铁路、道路方位角（或方向角）和铁路、道路转向角的度数，宜注写到秒，特殊情况，应另加说明。道路纵坡度、场地平整坡度、排水沟沟底纵坡度宜以百分计，并应取至小数点后一位，不足时以"0"补齐。

5）坐标网格：坐标分为测量坐标和施工坐标，测量坐标为相对坐标。

a.测量坐标网应该画成交叉十字线，坐标代号宜用"X、Y"表示。施工坐标为相对坐标，相对零点宜通常选择用已有建筑物的交叉点或道路交叉点，为区别于绝对坐标，施工坐标用大写英文字母A、B表示。

b.施工坐标网格应该以细实线绘制，一般画成100m×100m或者50m×50m的方格网，当然也可以根据需要调整。对于面积较小的场地可以采用5m×5m或者10m×10m的施工坐标网。

6）坐标标注。

a.坐标宜直接标注在图上，如图面无足够位置，也可列表标注。如坐标数字的位数太多，可将前面相同的位数省略，其省略位数应在附注中加个说明。

b.建筑物、构筑物、铁路、道路等应标注下列部位的坐标：建筑物、构筑物的定位轴线（外墙线）或其交点；圆形建筑物、构筑物中心；挡土墙顶外边缘线或转折点。表示建筑物、构筑物位置的坐标，宜注其三个角的坐标，如果建筑物、构筑物与坐标轴平行，可注对角坐标。

c.平面图上有测量和施工两种坐标系统时，应在附注中注明两种坐标系统的换算公式。

7）标高标注。

a.施工图中标注的标高应该为绝对标高，如标注相对标高，则应该标明相对标高与绝对标高的关系。

b.建筑物、构筑物、铁路、道路等应该按照以下规定标注标高：建筑物室内地坪，标注图中±0.00处的标高，对不同高度的地坪，分别标注其标高；建筑物室外散水，标注建筑物四周转角或两对角的散水坡脚处的标高；构筑物标注其有代表性的标高，并用文字标明标高所指的位置；道路标注路面中心交点及变坡点的标高；挡土墙标注墙顶和墙脚标高；路堤、边坡标注坡顶和坡脚标高；排水沟标注沟顶和沟底标高；场地平整标注其控制位置标高；铺砌场地标注其铺砌面标高。

（3）施工总平面图绘制方法。

1）绘制设计平面图。

2）根据需要确定坐标原点及坐标网格的精度、绘制测量和施工坐标网。

3）标注尺寸和标高。

4）绘制图框、比例尺、指北针，填写标题、标题栏、会签栏、编写说明及图例表。

5. 施工放线图

（1）施工放线图的内容。

1）道路、广场铺装、园林建筑小品，如图10-2-1所示。

2）放线网格（间距1m、5m或10m不等）。

3）坐标原点、坐标轴、主要点的相对坐标。

4）标高（等高线、铺装等）。

（2）施工放线图的作用。

1）指导施工现场施工放线。

2）确定施工标高。

3）测算工程量、计算施工图预算。

（3）绘制施工放线图的注意事项。

1）坐标原点的选择：固定的建筑物或构筑物角点，道路交叉点或水准点等。

2）网格的间距：根据实际面积的大小及其图形的复杂程度。

3）不仅要对平面尺寸进行标注，同时还要对立面高程进行标注（高程、标高）。

4）写清楚各个小品或铺装所对应的详图标号。

5）对于面积较大的区域给出索引图（对应分区形式）。

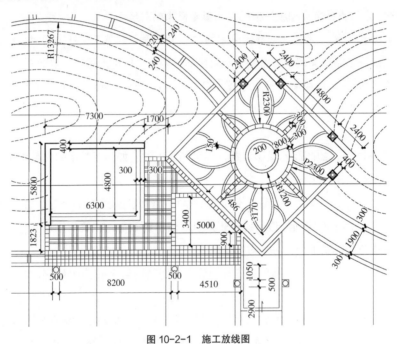

图 10-2-1　施工放线图

6. 竖向设计施工图的内容及具体要求

竖向设计指的是在一块场地中进行垂直于水平方向的布置和处理，也就是地形高程设计。

（1）竖向设计施工图的内容。

1）指北针、图例、比例、文字说明、图名。文字说明中应该包括标注单位、绘制比例、高程系统名称、补充图例等。

2）现状与原地形标高、地形等高线，设计等高线的等高距一般取 0.25 ~ 0.5m。当地形较为复杂时，需要绘制地形等高线放样网格。

3）最高点或者某些特殊点的坐标及该点的标高。如：道路的起点、转折点和终点等的设计标高（道路标在路面中、阴沟标在沟顶和沟底）、纵坡度、纵坡向、平曲线要素、竖曲线半径、关键点坐标；建筑物、构筑物室内外设计标高；挡土墙、护坡或土坡等构筑物的坡顶和坡脚的设计标高；水体驳岸、岸顶、岸底标高；池底标高、水面最低、最高和常水位等。

4）地形的汇水线和分水线，或用坡向箭头标明设计地面坡向，指明地表排水的方向、排水坡度等。

5）绘制重点地区、坡度变化复杂地段的地形断面图，标注标高和比例尺等。

6）当工程比较简单时，竖向设计施工平面图可以与施工放线图合并。

（2）竖向设计施工图要求。

1）计量单位：通常标高的标注单位为米，如果有特殊要求的话应该在设计说明中标明。

2）线型：竖向设计图中比较重要的就是地形等高线，设计等高线用细实线绘制，原有地形等高线用细虚线绘制，汇水线和分水线用细单点长划线绘制。

3）坐标网格及其标注：坐标网格采用细实线绘制，网格间距取决于施工的需要以及图形的复杂程度，一般采用与施工放线图相同的坐标网体系。对于局部不规则的等高线，或者单独做出施工放线图，或者在竖向设计图纸中局部缩小网格间距，提高放线精度。竖向设计图的标注方法同施工放线图，针对地形中最高点、建筑物角点或者特殊点进行标注。

4）地表排水方向和排水坡度：利用箭头表示排水方向，并在箭头上标注排水坡度，对于道路或者铺装等区域除了要标注排水方向和排水坡度以外，还要标注坡长，一般排水坡度标注在坡度线的上方，坡长标注在坡度线的下方。如：表示坡长 L=45.23m，坡度 i=0.3%。

其他方面的绘制要求与施工总平面图相同，如图 10-2-2 所示。

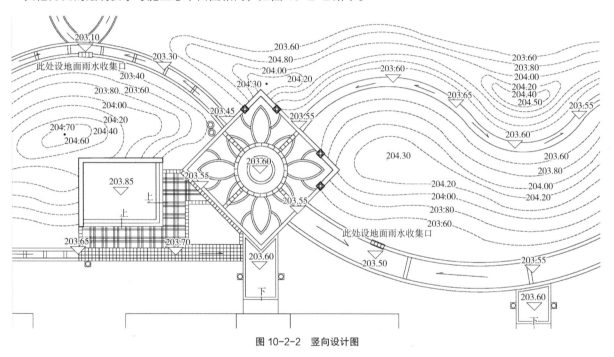

图 10-2-2　竖向设计图

7. 植物种植施工图

（1）内容与作用。

1）植物种植图的内容。

a. 植物种类、规格、配置形式。

b. 施工养护要求。

2）植物种植图的作用。

a. 指导苗木购买。

b. 指导苗木栽植。

c. 工程量计算。

（2）具体要求。

1）现状植物的表示。

2）图例及尺寸标注。

a. 行列式栽植：对于行列式的种植形式（如行道树或树阵等），可用尺寸标注出株行距，始末树种植点与参照物的距离。

b. 自然式栽植：对于自然式的种植形式（如孤植树），可用坐标标注种植点的位置或采用三角形标注法进行标注。孤植树往往对植物的造型、规格要求较严格，应在施工图中表达清楚，除利用立面图、剖面图表示以外，还可以与苗木表相结合，用文字来加以标注。

c. 片植和丛植：施工图应绘出清晰的种植范围边界线，标明植物名称、规格、密度等。对于边缘线呈规则的几何形状的片状种植，可用尺寸标注方法标注，为施工放线提供依据，而对边缘呈不规则自由线的片状种植，应绘坐标网格，并结合文字标注。

d. 草皮种植：草皮是用打点的方法表示，标注应该标明其草坪名、规格和种植面积。

3）注意的问题。

a. 植物的规格：图中为冠幅，根据说明确定。

b. 借助网格定出种植点位置。

c. 写清植物数量、间距或种植密度。

d. 对于景观要求细致的种植局部，施工图应有表达植物高低关系、植物造型形式的立面图、剖面图、参考图或通过文字说明与标注。

e. 对于种植层次较为复杂的区域应该绘制分层种植图，即分别绘制上层乔木的种植施工图和中下层灌木地被等的种植施工图，如图10-2-3所示。

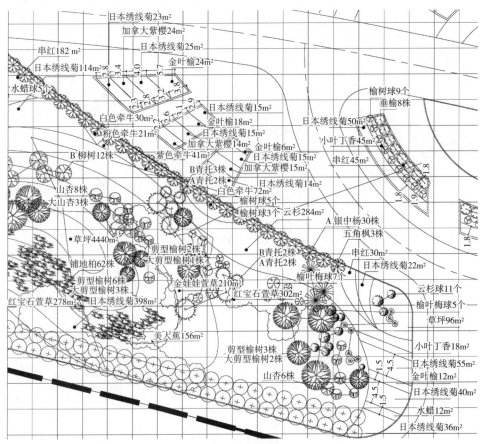

图10-2-3　植物种植设计

8. 照明电气施工图

（1）照明电气施工图的内容。

1）灯具形式、类型、数量、规格、布置位置。

2）配电图：包括电缆、电线型号规格、连接方式、配电箱数量和形式规格等。如图 10-2-4 和图 10-2-5 所示。

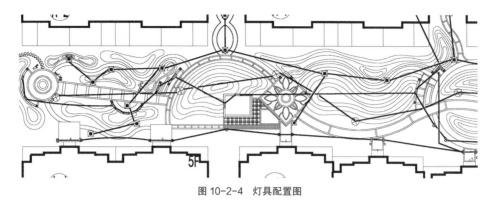

图 10-2-4　灯具配置图

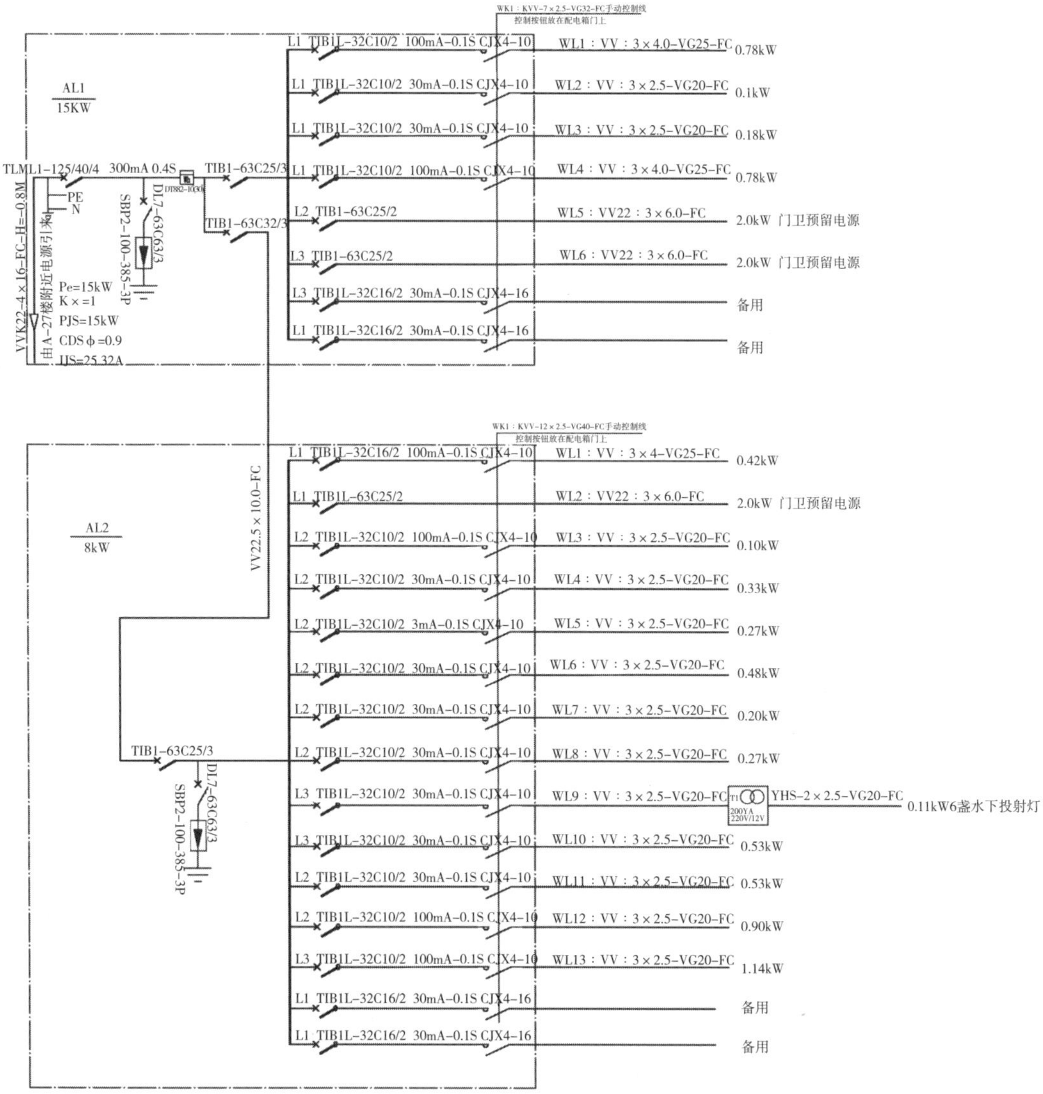

WK1：KVV-7×2.5-VG32-FC手动控制线
控制按钮放在配电箱门上

AL1
15KW

TLML1-125/40/4　300mA 0.4S
PE
N
VVK22-4×16-FC-H=0.8M
（由A-27楼附近电源引来）
Pe=15kW
K×=1
PJS=15kW
CDSφ=0.9
IJS=25.32A

DLZ-63C63/3
JD8G-300K
SB2-100-385-3P

TIB1-63C25/3

TIB1-63C32/3

L1　TIB1L-32C10/2　100mA-0.1S CJX4-10　WL1：VV：3×4.0-VG25-FC　0.78kW
L1　TIB1L-32C10/2　30mA-0.1S CJX4-10　WL2：VV：3×2.5-VG20-FC　0.1kW
L1　TIB1L-32C10/2　30mA-0.1S CJX4-10　WL3：VV：3×2.5-VG20-FC　0.18kW
L1　TIB1L-32C10/2　100mA-0.1S CJX4-10　WL4：VV：3×4.0-VG25-FC　0.78kW
L2　TIB1-63C25/2　WL5：VV22：3×6.0-FC　2.0kW 门卫预留电源
L3　TIB1-63C25/2　WL6：VV22：3×6.0-FC　2.0kW 门卫预留电源
L3　TIB1L-32C16/2　30mA-0.1S CJX4-16　备用
L1　TIB1L-32C16/2　30mA-0.1S CJX4-16　备用

WK1：KVV-12×2.5-VG40-FC手动控制线
控制按钮放在配电箱门上

AL2
8kW

VV22.5×10.0-FC

TIB1-63C25/3

DLZ-63C63/3
SB2-100-385-3P

L1　TIB1L-32C16/2　100mA-0.1S CJX4-10　WL1：VV：3×4-VG25-FC　0.42kW
L1　TIB1-63C25/2　WL2：VV22：3×6.0-FC　2.0kW 门卫预留电源
L2　TIB1L-32C10/2　100mA-0.1S CJX4-10　WL3：VV：3×2.5-VG20-FC　0.10kW
L2　TIB1L-32C10/2　30mA-0.1S CJX4-10　WL4：VV：3×2.5-VG20-FC　0.33kW
L2　TIB1L-32C10/2　3mA-0.1S CJX4-10　WL5：VV：3×2.5-VG20-FC　0.27kW
L2　TIB1L-32C10/2　30mA-0.1S CJX4-10　WL6：VV：3×2.5-VG20-FC　0.48kW
L2　TIB1L-32C10/2　30mA-0.1S CJX4-10　WL7：VV：3×2.5-VG20-FC　0.20kW
L2　TIB1L-32C10/2　30mA-0.1S CJX4-10　WL8：VV：3×2.5-VG20-FC　0.27kW
L3　TIB1L-32C10/2　30mA-0.1S CJX4-10　WL9：VV：3×2.5-VG20-FC　YHS-2×2.5-VG20-FC　200YA 220V/12V　0.11kW6盏水下投射灯
L3　TIB1L-32C10/2　30mA-0.1S CJX4-10　WL10：VV：3×2.5-VG20-FC　0.53kW
L3　TIB1L-32C10/2　30mA-0.1S CJX4-10　WL11：VV：3×2.5-VG20-FC　0.53kW
L2　TIB1L-32C10/2　100mA-0.1S CJX4-10　WL12：VV：3×2.5-VG20-FC　0.90kW
L3　TIB1L-32C10/2　100mA-0.1S CJX4-10　WL13：VV：3×2.5-VG20-FC　1.14kW
L1　TIB1L-32C16/2　30mA-0.1S CJX4-16　备用
L1　TIB1L-32C16/2　30mA-0.1S CJX4-16　备用

图 10-2-5　序列配电图

（2）照明电气施工图的作用。

1）指导配电、选取、购买材料等。

2）指导取电（与电业部门沟通）。

3）计算工程量（电缆沟）。

（3）注意事项。

1）网格控制。

2）严格按照电力设计规范进行。

3）照明用电和动力电力分别设施配电。

9. 喷灌、给排水施工图

喷灌、给排水施工图主要包括以下内容。

（1）给水、排水管的布设、管径和材料等。

（2）喷头的样式和型号。

（3）检查井、阀门井、排水井、泵房等。

（4）与供电设施相结合，如图 10-2-6 所示。

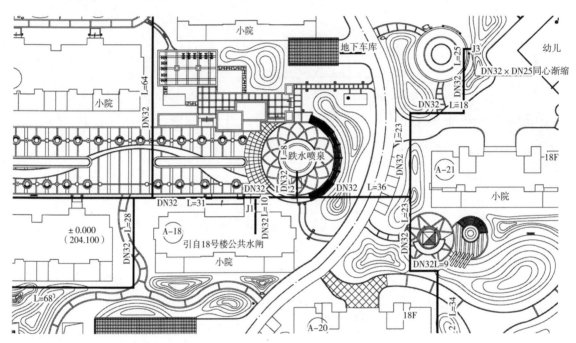

图 10-2-6　喷灌与给排水设计图

10. 园林小品详图

（1）内容。

1）建筑小品平立剖（材料和尺寸）、结构、配筋等。

2）园林小品材料规格、颜色等，如图 10-2-7 ~ 图 10-2-13 所示。

（2）作用。施工并完善设计。

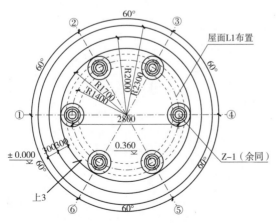

图 10-2-7　圆亭底平面图

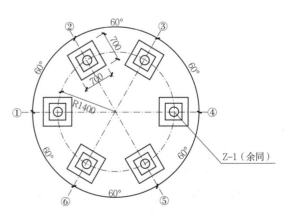

图 10-2-8　圆亭基础剖面图

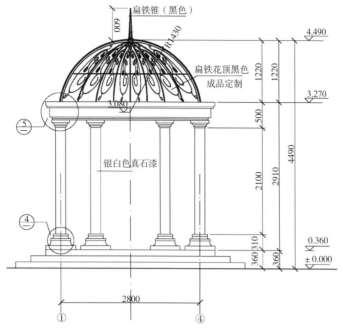

扁铁锥（黑色）

R1430

扁铁花顶黑色
成品定制

银白色真石漆

图 10-2-9　圆亭正立面

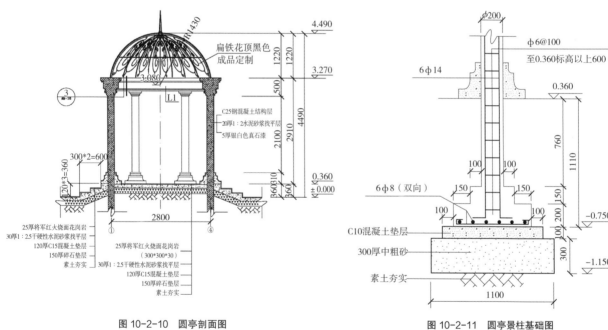

R1430

扁铁花顶黑色
成品定制

L1

C25钢混凝土结构层
20厚1:2水泥砂浆找平层
5厚银白色真石漆

300*2=600

20*3=360

25厚将军红火烧面花岗岩
30厚1:2.5干硬性水泥砂浆找平层
120厚C15混凝土垫层
150厚碎石垫层
素土夯实

25厚将军红火烧面花岗岩
（300*300*30）
30厚1:2.5干硬性水泥砂浆找平层
120厚C15混凝土垫层
150厚碎石垫层
素土夯实

图 10-2-10　圆亭剖面图

φ200

φ6@100
至0.360标高以上600

6φ14

6φ8（双向）

C10混凝土垫层

300厚中粗砂

素土夯实

图 10-2-11　圆亭景柱基础图

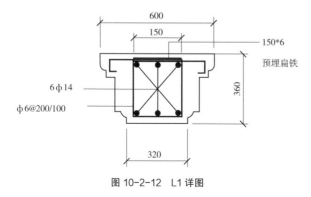

600

150

150*6

预埋扁铁

6φ14

φ6@200/100

360

320

图 10-2-12　L1 详图

φ200

6φ14

φ6@200/100

图 10-2-13　Z-1 详图

143

11. 铺装施工图

（1）内容。

1）图案、尺寸、材料、颜色、规格、拼接方式。

2）铺装剖切断面。

3）铺装材料特殊说明，如图 10-2-14 和图 10-2-15 所示。

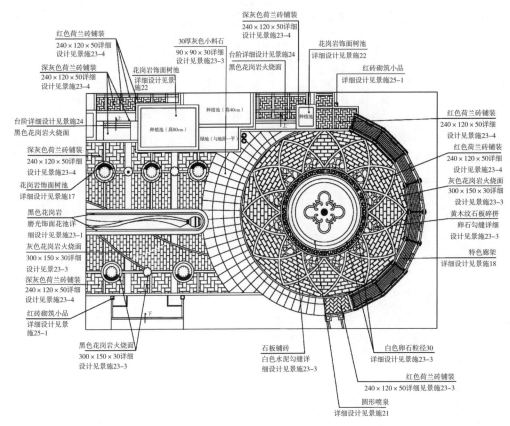

图 10-2-14 场地铺装索引图

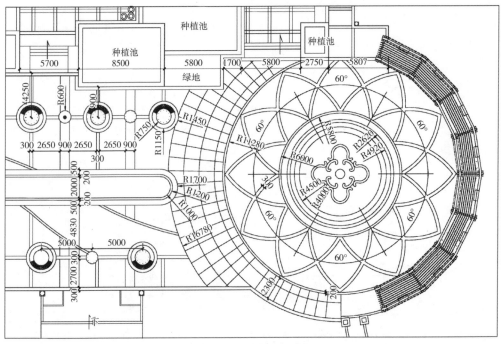

图 10-2-15 场地铺装尺寸放线图

（2）作用。

1）指导购买材料。

2）指导施工工艺、工期确定、工程施工进度。

3）计算工程量。

本次课上机练习并辅导

1. 绘制方亭的平面图，立面图和剖面图（见图 10-2-7 ~ 图 10-2-15）。

2. 绘制施工图，如图 10-1 ~ 图 10-4 所示。

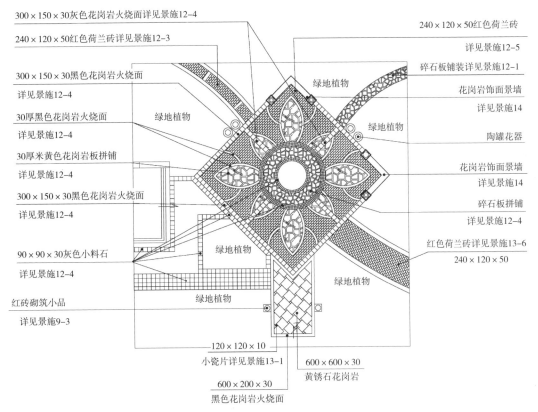

300×150×30灰色花岗岩火烧面详见景施12-4

240×120×50红色荷兰砖详见景施12-3

300×150×30黑色花岗岩火烧面
详见景施12-4

30厚黑色花岗岩火烧面
详见景施12-4

30厚米黄色花岗岩板拼铺
详见景施12-4

300×150×30黑色花岗岩火烧面
详见景施12-4

90×90×30灰色小料石
详见景施12-4

红砖砌筑小品
详见景施9-3

绿地植物

绿地植物

绿地植物

绿地植物

绿地植物

240×120×50红色荷兰砖

详见景施12-5

碎石板铺装详见景施12-1

花岗岩饰面景墙
详见景施14

绿地植物

陶罐花器

花岗岩饰面景墙
详见景施14

碎石板拼铺
详见景施12-4

红色荷兰砖详见景施13-6
240×120×50

120×120×10
小瓷片详见景施13-1

600×600×30
黄锈石花岗岩

600×200×30
黑色花岗岩火烧面

图 10-1 铺装大样

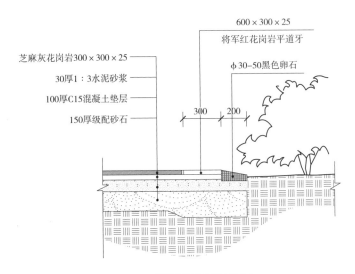

600×300×25
将军红花岗岩平道牙

芝麻灰花岗岩300×300×25

30厚1：3水泥砂浆

100厚C15混凝土垫层

150厚级配砂石

φ30-50黑色卵石

300

200

图 10-2 花岗岩面层铺装剖面图

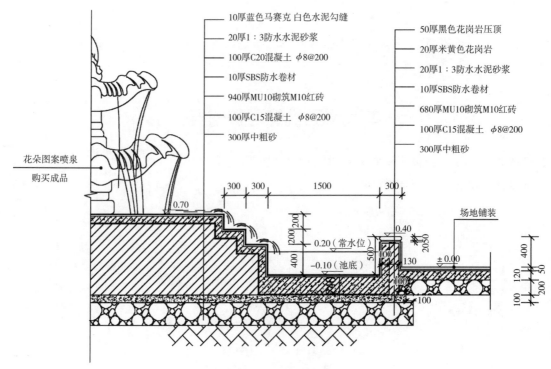

10厚蓝色马赛克 白色水泥勾缝
20厚1：3防水水泥砂浆
100厚C20混凝土 φ8@200
10厚SBS防水卷材
940厚MU10砌筑M10红砖
100厚C15混凝土 φ8@200
300厚中粗砂

50厚黑色花岗岩压顶
20厚米黄色花岗岩
20厚1：3防水水泥砂浆
10厚SBS防水卷材
680厚MU10砌筑M10红砖
100厚C15混凝土 φ8@200
300厚中粗砂

花朵图案喷泉
购买成品

场地铺装

图 10-3 水池剖面图

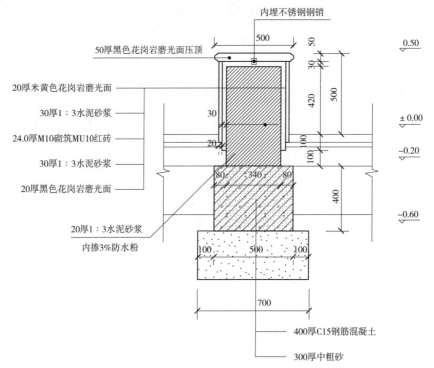

内埋不锈钢钢销

50厚黑色花岗岩磨光面压顶

20厚米黄色花岗岩磨光面
30厚1：3水泥砂浆
24.0厚M10砌筑MU10红砖
30厚1：3水泥砂浆
20厚黑色花岗岩磨光面

20厚1：3水泥砂浆
内掺3%防水粉

400厚C15钢筋混凝土
300厚中粗砂

图 10-4 景墙剖面图

第 11 章　图纸布局及打印输出

11.1　认识模型空间和布局空间

AutoCAD 中系统提供了模型空间和布局空间两种工作环境。我们平时一直在使用的是模型空间，模型空间是绘制图形的环境，而布局空间主要用于布局的设置和图纸的输出打印。

绘图区左下角有"模型"选项卡和"布局"选项卡（见图 11-1-1），可以通过单击进行绘图空间的相互转换。

图 11-1-1　模型选项卡和布局选项卡

图 11-1-2　视口子命令

11.1.1　模型空间

模型空间是系统默认空间，也是设计和绘制图形的主要工作空间，可以在该空间中绘制、编辑及观察图形。模型空间是无限大的绘图区域，可以绘制无数个图形，还可以划分为多个视口。

菜单栏中【视图】\【视口】\【命名视口……】（见图 11-1-2），可以将绘图区域划分为多个视口空间，便于多角度显示图形（见图 11-1-3）。

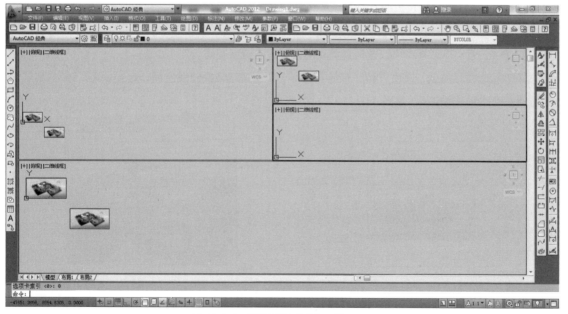

图 11-1-3　模型空间中多个视口显示画面

11.1.2　布局空间

布局空间又称作图纸空间，模拟了一张图纸页面显示图形（见图 11-1-4）。主要用于布局的设置和图纸的输出打印。系统默认了两个"布局"图纸空间，用户可以根据需要创建多个不同的图纸尺寸及设置样式。

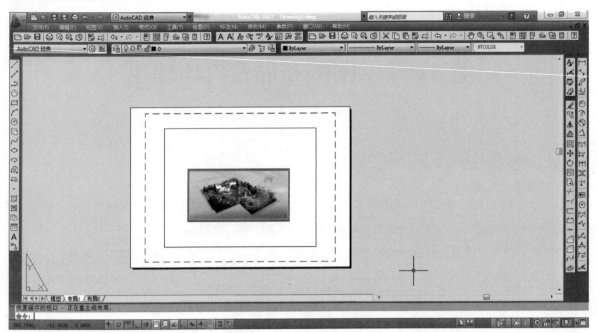

图 11-1-4　布局空间显示画面

11.2　图纸布局打印

11.2.1　布局概念

"布局"是已经指定了页面大小及打印设置的图纸空间。在布局中可以创建和定位浮动视口，添加标题栏等内容，通过布局可以模拟图形打印在图纸上的效果。

"视口"是在布局空间中显示模型空间图形的窗口，视口可浮动。

在布局视图中，双击浮动视口可以激活模型空间，进入到模型空间工作（见图 11-2-1）。将画面调整到合适大小后通过单击状态栏"模型"选项卡和"布局"选项卡切换按钮转换绘图空间，也可以在"浮动视口"以外的非视口区域双击可回到布局空间（见图 11-2-2）。

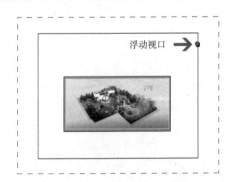

图 11-2-1　布局空间双击浮动视口可激活模型空间

图 11-2-2　布局空间双击非视口区可回到布局空间

11.2.2　新建布局

一个设计项目通常需要十几张、几十张甚至更多的图纸，但在绘图过程中为了便于绘图和资料的管理，经常要在一个文件内完成图形的绘制、管理与输出。而在图纸空间中，系统默认只有两个布局，因此我们要根据需要新建多个布局。

新建布局方法如下：

●菜单：【插入】→【布局】→【新建布局】→输入新布局名字。

●快捷键：LA（LAYOUT）→【回车】→N【回车】→输入新布局名字。

●绘图区左下角【布局】选项板上右击，弹出的菜单栏中选择"新建布局"（见图 11-2-3）。

图 11-2-3　新建布局

11.2.3　设置布局页面并插入图框

1. 布局设置

回到"布局 3"空间中，将原来显示模型空间图形的窗口即视口边界删除；右击【布局 3】选项卡，选择"页面设置管理器"，【页面设置管理器】对话框中选择【修改】（如图 11-2-4），弹出【页面设置 – 布局 3】对话框，设置相关选项（如图 11-2-5），建议图纸尺寸大于要使用的图框尺寸，本图选用 A3 图框，因此布局设置为 A2 尺寸，【确认】；【关闭】页面设置管理器对话框。A2 尺寸的布局页面设置完成，如图 11-2-6 所示。

图 11-2-4　页面设置管理器

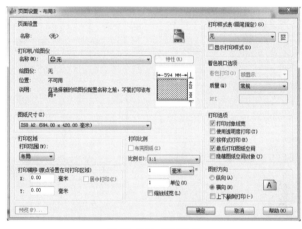

图 11-2-5　页面设置

图 11-2-6　页面布局完成

图 11-2-7　插入对话框

2. 插入图框

打开原有图框并定义为块；在模型空间新建"图框"层，并置为当前；单击【布局3】布局空间中选择菜单中【插入】→【块】，在弹出的【插入】对话框中，【浏览】要插入的A3图框，单击【确定】（见图11-2-7）即可。A3尺寸的图框插入到布局当中，如图 11-2-8 所示。

11.2.4　创建视口

1. 新建视口图层

单击【模型】选项卡回到模型空间，新建"视口"图层；颜色设置为洋红；打印位置选择打印机按钮，设置为"不打印"；将"视口"图层置为当前。

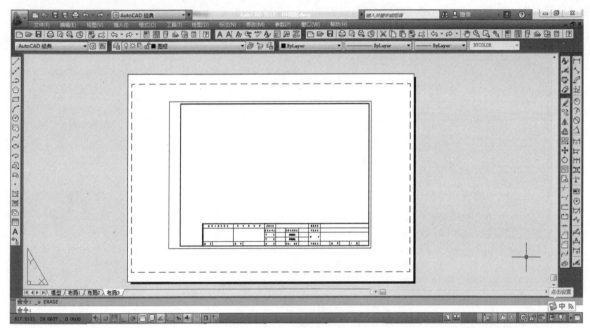

图 11-2-8　图框插入完成

2. 创建视口

单击"布局3"选项切换至布局空间内，在任意工具上单击右键，选择【视口】工具栏（见图11-2-9），选择【单个视口】□按钮，在图框内捕捉角点自左至右拖动出一边框，即视口，同时显示出模型空间所绘制的图形。也可通过该方法创建多个视口，从而调整每一个视口内图形的比例。

图 11-2-9　视口工具栏

3. 激活视口

双击视口边线，待边线以粗线显示，表示视口激活（见图11-2-10），可以滚动滚轮改变图形在视口内显示的大小。双击视口边线外任意点可以退出视口，将不能调整图形在视口内的大小。

11.2.5　设置比例并构图

可以通过光标滚轮控制图像大小，但是不能准确地调整为想要的比例关系，建议设置比例来调整图形显示的大小。

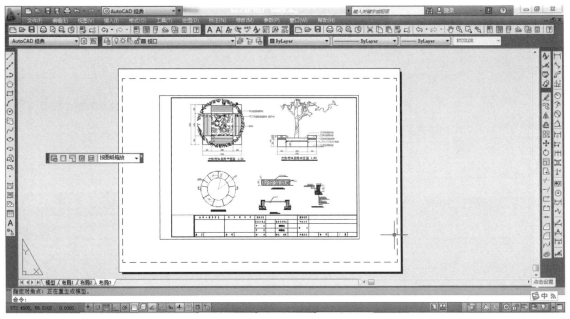

图 11-2-10　图框插入完成

1. 删除系统默认比例

单击状态栏右侧【视口比例】，在弹出的菜单中选择【自定义】（见图 11-2-11），弹出【编辑图形比例】对话框，单击"比例列表"中显示的比例进行【删除】，"1∶1"除外（见图 11-2-12）。

2. 自定义比例

单击【添加】，弹出【添加比例】对话框，输入要设置的 1∶30 比例，如图 11-2-13 所示参数。依次设置要使用到的 1∶20、1∶100……比例关系。

3. 应用自定义比例

单击状态栏右侧【视口比例】，在弹出的菜单中选择刚定义的比例应用于该图，如选择 1∶30，如图 11-2-14 所示。也可在【视口工具栏】选择比例。

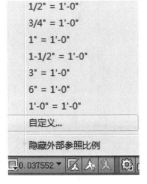

图 11-2-11　图框插入完成

图 11-2-12　图框插入完成

图 11-2-13　图框插入完成

4. 调整画面构图

视口内图形按照 1∶30 比例显示在 A3 图框中，通过"移屏"工具调整图形位置进行合理构图，画面效果要饱满、完整，如图 11-2-15 所示。标题及比例等可以在布局中输入。

5. 退出视口

双击视口边线外任意点退出视口，图形布局完成，如图 11-2-16 所示。

6. 打印输出

隐藏"视口"图层；执行【文件】→【打印】命令输出图形即可。

图纸打印输出是 AutoCAD 重要的输出方式，合理设置打印内容和布局空间是必须要熟悉的内容。

图 11-2-14 图框插入完成

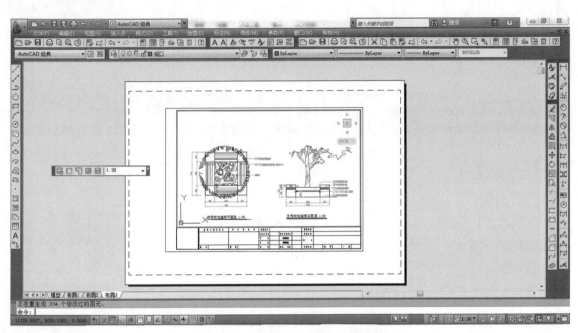

图 11-2-15 A3 图框中 1：30 显示画面图形

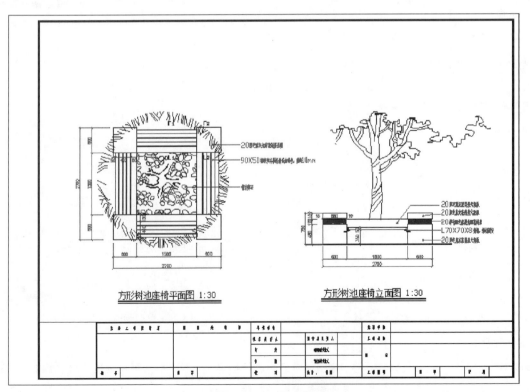

图 11-2-16 A3 图框中画面布局完成

11.3　图形的输出

在 AutoCAD 2014 中绘制完成园林相关图形后，通常要对其进行输出，输出的方式不仅仅是打印在绘图纸上满足工程施工的需要，还可以保存成 DXF 等格式供其他软件继续使用，满足文件相互交换的需要，或输出为 JPG、PDF 等图片格式便于查看图像。

AutoCAD 2014 拥有更强大、更方便的绘图能力，有时我们利用其绘图后，目的并不是要打印出来，而是要将绘图结果转换成图片用于其他程序中去。例如印刷品中诸如交通位置图等插图，可利用 AutoCAD 绘图后再应用于排版软件中。

作为我们园林和风景园林等专业的学生，需要将 AutoCAD 绘制的园林平面图等导入到 Photoshop 软件当中，进一步进行图像的处理。但难点在于该怎样才能"精确地"将 AutoCAD 图形输出成为图像文件。关于图像的输出方法有很多种，经过长期实践，总结了常用的的方法如下。

11.3.1　光栅图像法

该方法应用于图形输出至 Photoshop 软件，是最常用、最好用的方法。具体方法如下。

1. 设置虚拟打印机

（1）选择【文件】→【绘图仪管理器】，在弹出的【Plotters】对话框，选择并双击【添加打印样式向导】，如图 11-3-1 所示。

（2）弹出【添加绘图仪—简介】对话框，单击【下一步】；弹出的【添加绘图仪—开始】对话框中选择【下一步】。

（3）【添加绘图仪—绘图仪型号】对话框中【生产商】栏选择"光栅文件格式"，【型号】栏选择"MS-Windows BMP（非压缩 DIB）"项，选择【下一步】，如图 11-3-2 所示。

图 11-3-1　添加绘图仪向导

（4）【添加绘图仪—输入 PCP 或 PC2】对话框中选择【下一步】；弹出【添加绘图仪—端口】对话框，选择【下一步】。

（5）【添加绘图仪—绘图仪名称】对话框中，输入绘图仪名称，如"文件一"，选择【下一步】如图 11-3-3 所示。【添加绘图仪—完成】对话框中选择【完成】，虚拟打印机的第一步设置完成。

图 11-3-2　选择打印格式型号

图 11-3-3　设置打印机名称

2. 设置虚拟打印图纸尺寸

（1）在【Plotters】对话框中，选择并双击【文件一】，如图 11-3-4 所示。

（2）弹出【绘图仪配置编辑器—文件一】对话框，选择"设备和文档设置"选项卡，选择"自定义图纸尺

153

寸"，单击【添加】按钮，如图11-3-5所示。

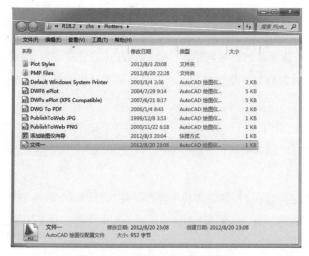

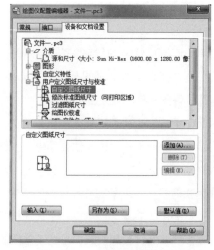

图 11-3-4 虚拟打印机01图标样式　　　　　　　　图 11-3-5 设备和文档设置

（3）【自定义图纸尺寸—开始】对话框中默认"创建新图纸"，选择【下一步】；弹出【自定义图纸尺寸—介质边界】对话框中输入宽度和高度的数值，如图11-3-6所示，选择【下一步】。

（4）弹出【自定义图纸尺寸—图纸尺寸名】对话框，选择【下一步】；弹出【自定义图纸尺寸—文件名】对话框，选择【下一步】；弹出的【自定义图纸尺寸—完成】对话框，选择【完成】按钮（见图11-3-7），将相关对话框关闭，虚拟打印尺寸确定完成。

图 11-3-6 设定纸张大小　　　　　　　　图 11-3-7 完成纸张设置

3.虚拟打印

（1）选择菜单栏【文件】【打印】，弹出对话框；选择"打印机/绘图仪"名称为"文件一"；选择"图纸尺

图 11-3-8 打印设置

寸"中"用户1（3200×2400像素）"，点击打印范围为"窗口"如图11-3-8所示，单击【窗口】按钮。

（2）用光标在视图内拖动选框，框选出打印区域（见图11-3-9）；在弹回的对话框中单击【预览】，可以预览到要打印的图形样式（见图11-3-10）；右击【退出】，在对话框中图形方向选择为"横向"，打印偏移选择为"居中打印"；单击【预览】按钮，预览打印效果如图11-3-11所示。

（3）右击选择【打印】按钮，弹出【浏览打印文件】对话框，选择合适的路径进行保存，如图11-3-12所示。视图内出现【打印作业进度】对话框，待对话框消失即打印完成。

用户可以在指定的盘内找到打印的文件，该文件为bmp格式。

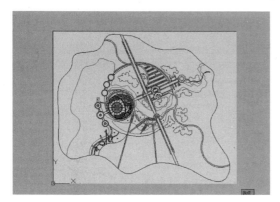

图 11-3-9　选择打印区域

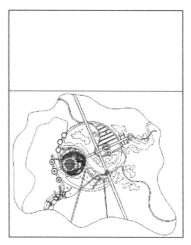

图 11-3-10　预览打印区域

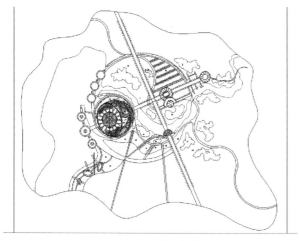

图 11-3-11　预览打印效果

图 11-3-12　浏览打印文件对话框（1）

4. Photoshop 处理

在 photoshop 软件中打开此文件，【文件】→【另存为】格式改为"JPG"格式（见图 11-3-13），单击【保存】；弹出【JPG 选项】对话框，品质范围为 8-12（见图 11-3-14），像素损失较少，单击【好】，文件保存完成。整体效果如图 11-3-15 所示，局部放大效果如图 11-3-16 所示。

图 11-3-13　浏览打印文件对话框（2）

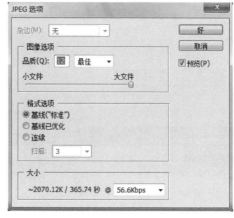

图 11-3-14　浏览打印文件对话框（3）

11.3.2　输出 EPS 法

（1）打开要输出图片的 dwg 文件。

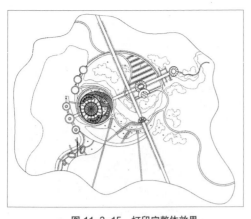

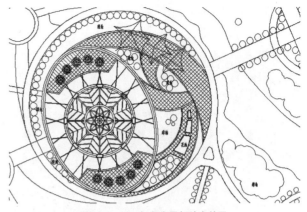

图 11-3-15　打印完整体效果　　　　　　　图 11-3-16　打印完局部放大效果

（2）【文件】菜单栏中选择【输出】，在【输出数据】对话框中，取文件名为"文件二"，选中文件类型为"eps"（如图 11-3-17）。

图 11-3-17　输出选项参数

（3）单击【保存】，命令行提示指定第一点，再指定对角点，即光标框选要打印的范围即可。

（4）在 Photoshop 软件中，双击桌面打开此文件，出现【栅格化通用 eps 格式】对话框，输入尺寸大小（见图 11-3-18），单击【好】按钮可以将 AutoCAD 图以透明背景样式导入到 Photoshop 中，局部效果如图 11-3-19 所示，保存文件为"PSD"格式即可。

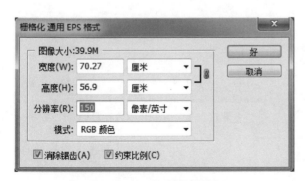

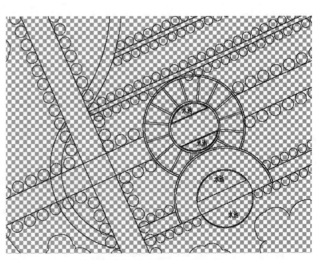

图 11-3-18　窗口选择对话框　　　　　　　图 11-3-19　导入的局部效果

采用该方法操作比较简单，图像的大小及分辨率可以在 Photoshop 中确定，因此对于该文件可以满足不同分辨率出图要求；但是导入到 Photoshop 中的颜色太浅，而且背景为透明，因此需要将图形图层重复复制多层，合并后图像才较为清楚（见图 11-3-20），建议背景填充白色，图形会更清晰（见图 11-3-21）。

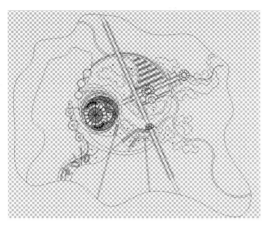

图 11-3-20　导入后透明背景效果

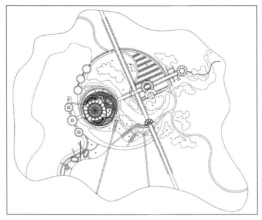

图 11-3-21　导入后白色背景效果

— 第 2 篇 | SketchUp绘制
三维模型

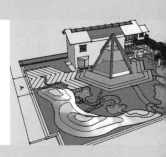

第 12 章　初识 SketchUp

12.1　SketchUp 的安装及启动

在搜索引擎里输入 Google SketchUp 或直接登录 http：//SketchUp.google.com/ 网站，可以了解关于 SketchUp 的最新资讯，下载最新软件。Google SketchUp 分为专业版和免费版两种版本，专业版为 SketchUp Pro（见图 12-1-1）。

图 12-1-1　Google SketchUp 下载页面

下载软件完成以后，可以看到 SketchUp 的可执行程序文件（见图 12-1-2），双击，跟随安装提示，便可以进行安装。

下载后，安装完成后双击 SketchUp 的快捷方式（见图 12-1-3），即可启动 SketchUp。

图 12-1-2　SketchUp 的可执行程序文件

图 12-1-3　SketchUp 的快捷方式

12.2　SketchUp 的工作界面

双击桌面上的图标，进入到 SketchUp 的欢迎界面，在这里可以了解到 SketchUp8 相关信息以及最新版 SketchUp8 的新增功能。

在欢迎界面的选择模板中单击　选择模板　按钮，选择【建筑设计】——【毫米】，使得默认模板显示【建筑设计】——【毫米】（图见 12-2-1）。

选择建筑模板以后，单击欢迎界面上的　开始使用 SketchUp　，启动 SketchUp，即可以显示 SketchUp 的初始界面。

SketchUp 的界面由如下几部分组成:【标题栏】【菜单栏】【工具栏】【绘图区】【状态栏】和【数值控制区】组成（见图 12-2-2）。

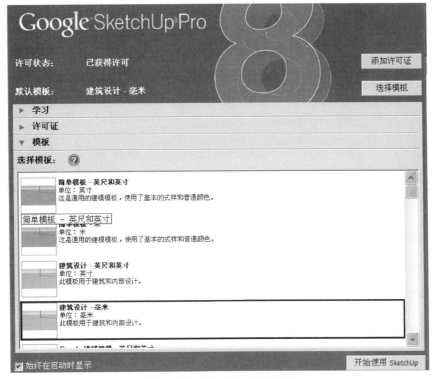

图 12-2-1　SketchUp 的欢迎界面

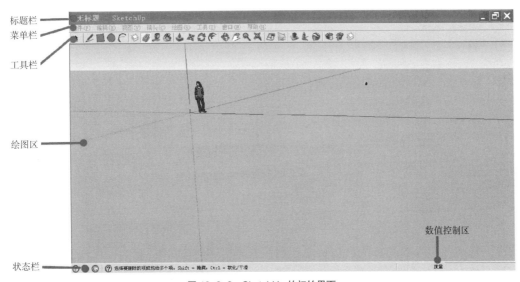

图 12-2-2　SketchUp 的初始界面

12.2.1　标题栏

位于绘图窗口顶部，包括窗口（关闭、最小化、最大化）以及当前文件名称。打开的 SketchUp 是空白绘图窗口，默认标题为无标题。

12.2.2　菜单栏

菜单栏位于标题栏下方，包括【文件】【编辑】【视图】【镜头】【绘图】【工具】【窗口】【帮助】八大菜单栏。

包含了 SketchUp 中的绝大部分的绘图工具、编辑工具及系统设置等命令。

12.2.3　工具栏

工具栏可由菜单【视图】→【工具栏】中调用；工具栏是浮动窗口，可以任意拖动其位置。

如图 12-2-3 所示将窗口菜单中的部分窗口调出后，浮动在屏幕的任意位置，可以方便快捷地使用常用窗口。各浮动窗口可以相互吸附，点击可展开。

图 12-2-3　浮动工具栏

12.2.4　绘图区

主要的绘图区域，所有模型图纸都在这个区域中完成。

12.2.5　状态栏

状态栏位于绘图窗口下部（见图 12-2-4），左侧部分显示当前使用命令的提示信息和相关功能键。右侧部分是数值控制区，显示绘图的尺寸信息，可以直接输入数值指定相应的绘图尺寸。

选择对象。切换到扩充选择。拖动鼠标选择多项。　　　　　　　　　　度量

图 12-2-4　状态栏

在状态栏中有一个工具向导的图标，点击 ⊘ 可以打开相应的工具提示界面，能够实时的解答疑问。

12.3　绘图环境的配置

12.3.1　工具栏

SketchUp 的工具栏是浮动的，调出后可以自由地拖放位置。选择菜单【视图】→【工具栏】命令，在展开子菜单中，可以打开相应的工具栏。首先打开【开始】→【大工具集】以及【大按钮】三个选项。选中后工具栏布置如图所示（见图 12-3-1）。

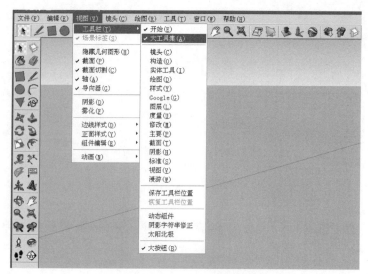

图 12-3-1　SketchUp 的【工具栏】

【开始】：选择菜单【视图】→【工具栏】→【开始】,【开始】前面打勾，表示此工具栏开启，此工具栏提供新手们主要的使用命令。

【大工具集】：选择菜单【视图】→【工具栏】→【大工具集】，此工具条集中了主要的 SketchUp 绘图编辑等命令，包含了【绘图】【修改】【建筑施工】【镜头】【漫游】等工具条。是绘图时主要使用的工具条，通常打开后放在视图的左端方便绘图（见图 12-3-2）。

【大按钮】：选择菜单【视图】→【工具栏】→【大按钮】命令后，所有工具栏中的按钮会以较大的分辨率显示，方便绘图。

此外还有【标准】【视图】【样式】【阴影】【截面】等工具栏，都可以通过下拉【视图】→【工具栏】菜单，点击相应的子菜单名称打开，当其名称前显示【打勾】，这表明此菜单已经打开。用户可以根据自己的绘图习惯，在绘图区域配置相应的工具条（见图 12-3-3）。

图 12-3-2　SketchUp 的【大工具栏】

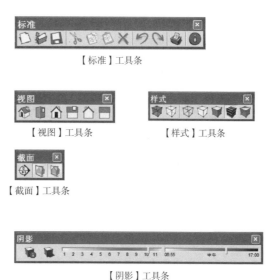

【标准】工具条

【视图】工具条　　　【样式】工具条

【截面】工具条

【阴影】工具条

图 12-3-3　SketchUp 的浮动工具栏

12.3.2　定义快捷键

自定义快捷键能够加快绘图的速度，这在绘图过程中很重要。在系统使用偏好对话框中的快捷键选项栏中可以进行快捷键的设置。

1. 命令位置：【窗口】→【使用偏好】

在系统【使用偏好】对话框【快捷】选项栏的左侧，列出了可以定义快捷键的命令，选择【功能】列表中的任意项，在右侧的【已指定】快捷键列表框中便显示与当前命令对应的快捷键（见图 12-3-4）。

2. 自定义快捷键的步骤

（1）在【功能】列表中选择将要定义快捷键的命令。

（2）在【添加快捷方式】对话框中，输入要为此命令定义的单个字母键。也可以按下所需的组合键如【Ctrl】【Shift】或【Alt】键，也可以使用组合键，如【Ctrl + Alt】。

（3）单击【＋】按钮，可添加至【已指定】对话框中。

（4）同一个命令可以对应多个快捷键。如果所定义的快捷键已经被定义给其他命令时，此时便是热键冲突。SketchUp 会在确定该键为快捷键前询问。有的按键是保留给系统操作的，不能用来定义快捷键。

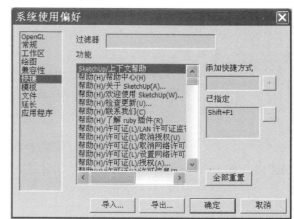

图 12-3-4　SketchUp 的快捷键设置

（5）单击【导出】按钮，将设置好的快捷键导出为【偏好设置 .dat】文件，【确定】即可导出快捷键，在其他计算机中选【导入】按钮，可使快捷键通用。

3.快捷键设置表

参看附录2【SketchUp 快捷键】设置表，以便用户与本书所使用的快捷键保持一致。

12.3.3 安装插件

SketchUp 中可以安装插件，绘图更方便快捷，极快地提高了作图速度和效率。在本书13.14 插件一节中，将重点介绍常用的插件。

插件的安装方法：

（1）下载插件包，插件文件包含文件包和后缀名为".rb"的文件。如图 12-3-5 所示为藤蔓插件文件。

（2）将插件包内的文件，拷贝到 SketchUp 的安装目录下，如：D：\Program Files \Google\Google SketchUp8 \Plugins（见图 12-3-6）。

图 12-3-5　SketchUp 的 Plugins 包　　　　　　图 12-3-6　SketchUp 路径下的 Plugins 文件夹

（3）重启运行 SketchUp，可以看到菜单栏多了【插件】菜单（见图 12-3-7）。

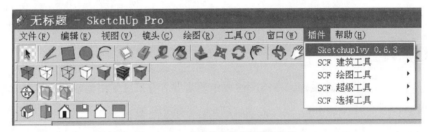

图 12-3-7　安装完成的【插件】菜单

通过这一章的学习，对 SketchUp 的基本界面已经有了初步了解，学习如何配置自己方便使用的工具条、设置相应的快捷键以及安装插件的方法，将会大大提高之后的绘图效率。

第 13 章　SketchUp 的基本功能

SketchUp 的基本功能包含绘图工具、编辑工具、相机工具和显示工具等。其中的绘图工具，可以在模型中绘制中创建面，形成模型的基本元素。

13.1　主要工具

通过菜单【视图】→【工具栏】→【主要】可打开主要工具栏。主要工具栏包含了【选择】【绘制组建】【颜料桶】和【擦除】工具（见图 13-1-1）。本节讲述【选择】和【擦除】工具。

13.1.1　选择

1. 命令启动方法

● 工具图标：。

● 菜单命令：【工具】→【选择】。

● 快捷键：【空格】。

2. 选择方式

（1）单击【选择】工具，光标将变为箭头。

（2）单击图形元素，选定的图形元素将以黄色高亮显示。

（3）正框选：从左到右框选，处于框中的全部物体被选中（见图 13-1-2）。

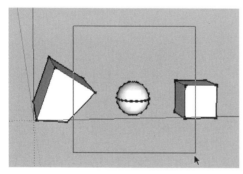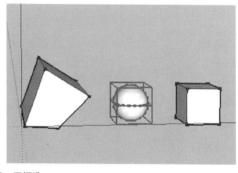

图 13-1-2　正框选

（4）反框选：从右往左选，与选择框相交的物体都将被选中（见图 13-1-3）。

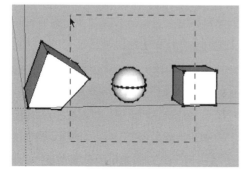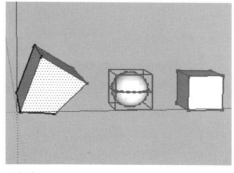

图 13-1-3　反框选

图 13-1-1　【主要】工具栏

第13章　SketchUp的基本功能

（5）点选：在图形元素上单击，可以选中该图形元素。

（6）双击：在一个面上双击，可以将面及面所在的边都选上。

（7）三击：将选中整个物体，选中与该物体相连的所有的面、线，以及被隐藏的虚线（不包含组和组件）。

3.修改选择

（1）增加选择：按住【Ctrl】键，将在之前选择的物体或物体集上增加选择物体。

（2）减少选择：按住【Shift】键，增加或减去选择物体。

（3）剔除选择：同时按住【Ctrl】和【Shift】键，【选择】工具变成剔除模式，可以将物体从选择集中剔除。

4.全部选择或取消选择

使用菜单命令：【编辑】→【全选】，或快捷键【Ctrl+A】，可以选中场景中的所有物体。

使用【选择】工具在绘图区的空白处单击，或使用菜单命令【编辑】→【全部不选】，或使用快捷键【Ctrl+T】可以取消当前的选择集。

5.右键快捷菜单

当物体处于选择状态时，右击弹出快捷菜单。分别包括【选择】【边界边线】【连接的平面】【连接的所有项】【在同一图层的所有项】和【使用相同材质的所有项】（见图13-1-4）。

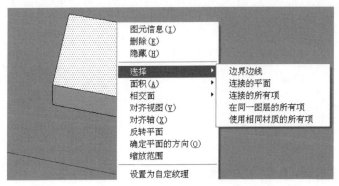

图13-1-4　选择快捷菜单

13.1.2　橡皮擦

1.命令启动方法

● 工具图标：　。

● 菜单命令：【工具】→【橡皮擦】。

● 快捷键：【E】。

2.删除方式

（1）单击【橡皮擦】工具。光标变为一个带小方框的橡皮擦。

（2）单击边线可以删除线以及与边线相连接的面（见图13-1-5）。

（3）使用【橡皮擦】的同时按住【Shift】键，可以隐藏边线，而不会删除此边线。

（4）使用【橡皮擦】的同时按住【Ctrl】键，可以柔化边线，同时按下【Ctrl+Shift】键，可以取消边线柔化效果。

（5）当删除大量物体时，可以使用【选择】工具配合【Delete】键使用。此方法运用的最为广泛。选择的方式参看之前章节13.1.1选择命令，详细讲解。

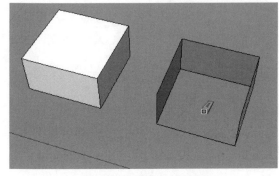

图13-1-5　擦除面与面的交界线

13.2 绘图工具

通过菜单【视图】→【工具栏】→【绘图】可打开绘图工具栏（见图13-2-1），绘图工具包含了【矩形】【线条】【圆】【圆弧】【多边形】和【徒手画】。

13.2.1 矩形

1. 命令启动方法

● 工具图标：▉。

● 菜单命令：【绘图】→【矩形】。

● 快捷键：【B】。

2. 绘制方法

在激活矩形命令后，左键单击一点先确定矩形的第一点，随后在视图中任意的点取另一点，画出一个任意尺寸的矩形；也可以在数值控制区内输入准确的长及宽，进行精确的绘制（见图13-2-2）。

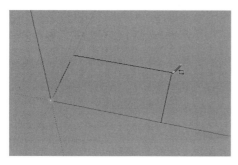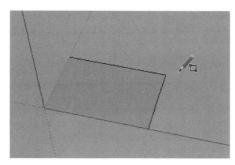

图 13-2-2　绘制矩形

精确绘制矩形的具体操作步骤：

（1）选择【矩形】工具，光标变为一支带矩形的铅笔。

（2）确定矩形的第一点，屏幕右下角出现【数值控制区】。

（3）确定矩形的第二点，输入长和宽的数值。例如：绘制一个长900mm、宽600mm的矩形，在【数值控制区】内输入（900，600），【回车】确定。

（4）也可以先画出一个矩形，然后再准确地输入长和宽的数值。

（5）如果输入（-500，-250）【回车】确定，则会绘制出反向的矩形。

13.2.2 线条

线条是构成面最基本的元素。线条工具可以绘制单段的直线、多段线，或者闭合平面图形，也可以分割表面、修复删除的表面。

【线条】工具是SketchUp里最基本的工具，它可以创建SketchUp里所有的面，任何一个3条或3条以上同一平面的线条首尾相接就可以绘制出一个面。可以说是SketchUp中功能最为强大的三维建模工具，将是建模工作中用到最多的命令。

1. 命令启动方法

● 工具图标：✎。

● 菜单命令：【绘图】→【线条】。

● 快捷键：【L】。

2.绘制方法

（1）基础绘制方法。

1）选择【线条】工具，光标会变为一支铅笔。

2）在绘图区域单击一点，作为直线的起点。

3）移动光标至直线的终点。在绘制直线时，它的长度将自动显示在【数值控制区】中。

4）操作过程中，若要放弃或终止命令，只需随时按下【Esc】键，即可结束操作。

5）绘制线条命令可以绘制一系列首尾相接的线条。前一直线的终点可以作为另一条直线的起点，继续绘制。

（2）线条的精确绘制。

1）输入线条的长度。

绘制线条，在确定了起点后，选择平行的轴线方向，这时候可以定义直线的长度。在屏幕的右下角的【数值控制区】中可以显示当前绘制线条的实时长度。如果需要一个固定的线条长度，只需在绘制线条的过程中，直接使用数字键盘输入数值，按【回车】键，即可完成线条的绘制（见图13-2-3）。

长度 1200.0mm

图13-2-3 数值控制区输入长度

2）使用坐标输入。

与 AutoCAD 软件一样，在 SketchUp 中的绘图窗口也是由 x 轴、y 轴、z 轴三个坐标轴确定所画图形的空间位置的。坐标系分为绝对坐标和相对坐标。绝对坐标的格式为：$[x, y, z]$，用以指定以当前绘图坐标轴为基准的绝对坐标；相对坐标的格式为 $<x, y, z>$，可以指定相对于线条起点位置的相对坐标。在【数值控制区】内的输入格式分别如图13-2-4所示。

长度 [300, 200, 500]　　　　长度 <200, 300, 500>

图13-2-4 【数值控制区】输入坐标

（3）线条与轴线。在 SketchUp 中，打开界面后，可以看到场景中有红色、绿色和蓝色三个坐标轴，分别代表 X 轴方向、Y 轴方向和 Z 轴方向。

当使用【线条】命令时，如果线条分别的呈现"在红色轴上""在绿色轴上""在蓝色轴上"时，说明分别平行于相应颜色的坐标轴（见图13-2-5）。

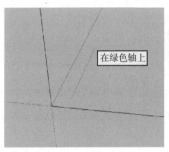

图13-2-5 线条平行于轴线

（4）线条的捕捉。在使用【线条】工具进行绘制时，系统会自动捕捉到一些特殊的点，如【端点】【中点】【在边线上】【在平面上】以及【相交】等。这样方便在绘制时快速准确的找到这些特殊点（见图13-2-6）。

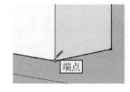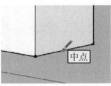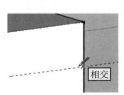

图13-2-6 线条的捕捉

（5）线条等分。左键选择在已绘制的线条单击右键，在弹出的菜单中选择【拆分】命令，并在【数值控制区】中输入等分数，即可将线条等分（见图13-2-7），也可移动鼠标位置确定等分的线段数。

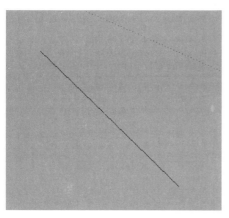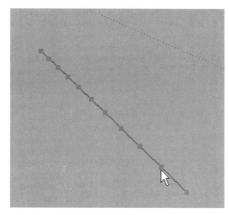

图 13-2-7　拆分线条

（6）线条的分割与面的分割。在一条线段上开始绘制一条新的线，SketchUp 会自动把原来的线条从交点处断开。例如，要把一条线分成两半，就从线的中点处画一条新的线，再次选择原来的线条，会发现它被等分为两段了（见图 13-2-8）。

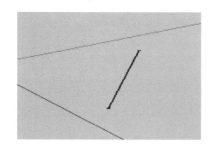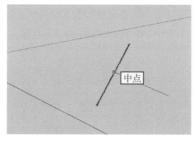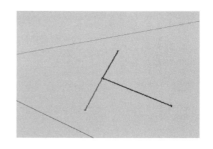

图 13-2-8　线条的分割

要分割一个表面，只需要在画一条端点在表面周长上的线条就可以了。在一个面中间画出一个闭合的面，面也会自动断开（见图 13-2-9）。

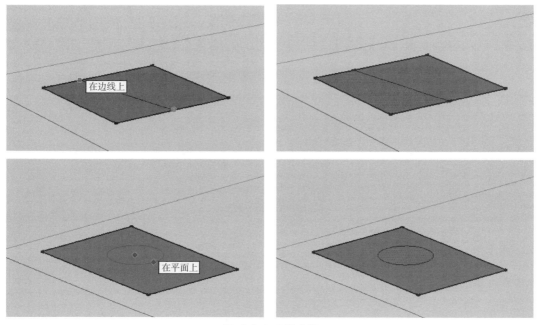

图 13-2-9　面的分割

（7）封面。绘制线条的过程中，不断的连续绘制多条线条，在绘制的过程中也可以通过输入数值确定各个线条的长度。

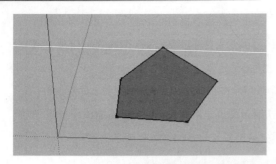

图 13-2-10　绘制多段线以及封面

当线条与线条属于同一个平面并且首尾相接时，则会形成一个面（见图 13-2-10）。

所画线条虽然首尾相接，如果不在一个平面上，则不能封面。如图 13-2-11 所示，当使用【环绕观察】命令时，可以发现其中线条的点不是在 XY 平面里的，因而不能组成面。

位于同一个面上的规则平面，要使其封面，只需用【线条】命令在其中的一边补画一条线段，即可封面（见图 13-2-12）。

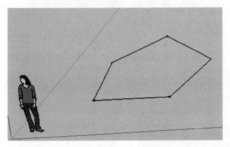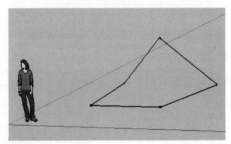

图 13-2-11　绘制多段线不能封面

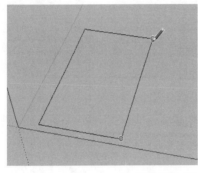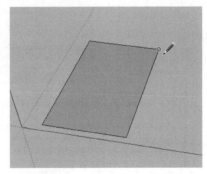

图 13-2-12　规则平面封面

圆或是复杂的封闭的曲线面，用【线条】命令在一侧的线段连接两个端点，即可封面（见图 13-2-13）。

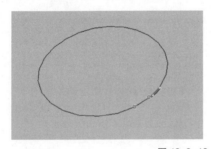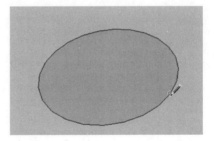

图 13-2-13　圆平面封面

13.2.3　圆形

1. 命令启动方法

● 工具图标：●。

● 菜单命令：【绘图】→【圆】。

● 快捷键：【C】。

2. 绘制方法

（1）选择【画圆】工具，光标变为一支带圆形的铅笔。

（2）指定圆心位置。

（3）制定半径，绘制圆形面。

（4）输入精确数值进行绘制。当指定了圆心位置后，屏幕右下角出现【数值控制区】，这时输入数值，可以绘制出相应半径的圆。例如，要绘制一个半径为600mm的圆，只需在【数值控制区】内输入"600"。

（5）在画圆时，指定圆心位置后如果输入边数，如绘制一个八边形，输入"8s"，按【回车】键就可以得到相应边数的多边形（见图13-2-14）。

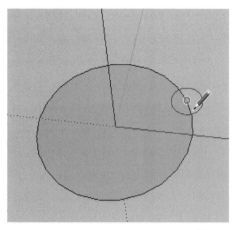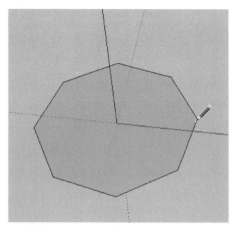

图13-2-14　画圆

13.2.4　圆弧

绘制圆弧的顺序包含三个部分：起点、终点和凸起部分的距离。起点和终点之间的距离也称为弦长。

1.命令启动方法

● 工具图标：⌒。

● 菜单命令：【绘图】→【圆弧】。

● 快捷键：【A】。

2.绘制方法

（1）选择画【圆弧】工具，光标会变为一支带圆弧的铅笔。

（2）在绘图区域单击任意一点作为圆弧的起点。

（3）将光标移至弦的终点。

（4）单击圆弧的终点，即可创建一条直线。

（5）垂直于这条直线移动光标以调整凸起部分的距离。将延伸出另一条垂直于该直线的直线（见图13-2-15）。单击完成弧线绘制。

13.2.5　多边形

1.命令启动方法

● 工具图标：▼。

● 菜单命令：【绘图】→【多边形】。

● 快捷键：【Alt+B】。

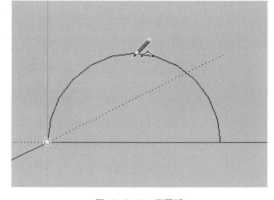

图13-2-15　画圆弧

2.绘制方法

（1）单击【多边形】工具。光标变为一支带多边形的铅笔。在绘图区域点击任意一点作为多边形的中心点。

（2）将光标从中心点向外移出，以定义所画多边形的半径。移动光标时，半径值将动态显示在【数值控制区】中。还可以通过键盘直接输入数值指定多边形的半径值，按【回车】键完成命令（见图 13-2-16）。

（3）画完之后可以通过在【数值控制区】输入【ns】（n 为多边形的数值，如 3），按【回车】键可以改变多边形的边数如图为三角形，即输入 3s 得到的结果（见图 13-2-17）。

（4）画圆命令通过输入线条数可以控制边数，也能画出三边、六边、八边等形状，那么多边形就可以省略了。其画法可参照画圆命令。

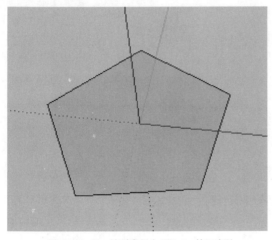 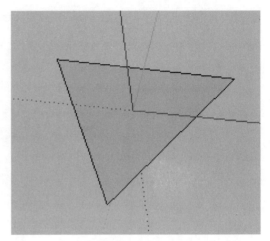

图 13-2-16　绘制半径为 600mm 的五边形　　　　图 13-2-17　在数值控制区内输入 3s，变成三角形

13.2.6　徒手画

徒手画在经常用来绘制水体、不规则的草地或者斑驳的墙面等不规则的自由形。

1. 命令启动方法

● 工具图标：。

● 菜单命令：【绘图】→【徒手画】。

● 快捷键：【Alt+F】。

2. 绘制方法

（1）选择【徒手画】工具。光标变为一支带曲线的铅笔，确定徒手画的起点。

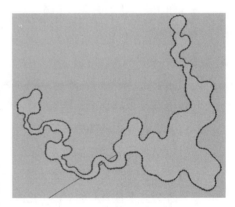

（2）在绘制过程中按住鼠标左键，松开左键，则绘制完成。

（3）当绘制的最后一点与第一点重合，则完成封面（见图 13-2-18）。

（4）当曲线复杂时，徒手画线难控制时，可以使用曲线的插件，比如"贝兹曲线"（见图 13-2-19），以多种方式绘制贝兹曲线，解决了 SketchUp 在曲线绘制方面的功能较弱的问题。

图 13-2-18　绘制水体自由曲线

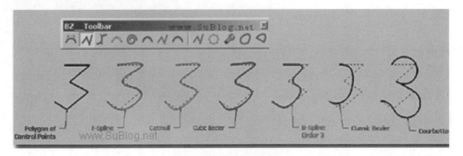

图 13-2-19　贝兹曲线

13.3 修改工具

通过菜单【视图】→【工具栏】→【修改】可打开修改工具栏（见图 13-3-1），修改工具包含了【移动】【推/拉】【旋转】【跟随路径】【拉伸】【偏移】（见图 13-3-1）。

13.3.1 移动与复制

【移动】工具可以移动、拉伸和复制几何体，【阵列】也可以用移动命令完成。

图 13-3-1 【修改】工具栏

1. 命令启动方法

● 工具图标： 。

● 菜单命令：【工具】→【移动】。

● 快捷键：【M】。

2. 使用方式

（1）移动物体。

1）选择要移动的物体。

2）点选【移动】工具，选择一个参照点作为移动的起点。

3）在绘图区域移动任意的位置，或是在数值控制区内输入要移动的数值。

4）在移动过程中，按住【Shift】键，【移动】将会平行于所移动方向轴线呈高亮粗点显示，可以锁定相应的参考轴向移动（见图 13-3-2、图 13-3-3）。

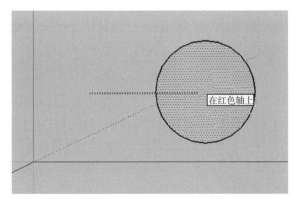

图 13-3-2 按红轴方向移动，并按住【Shift】键

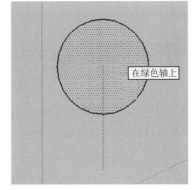

图 13-3-3 按绿轴方向移动，并按住【Shift】键

（2）拉伸物体。

使用【移动】工具后，分别选择物体上的点、边线或表面（见图 13-3-4 ~ 图 13-3-6），都可以对物体进行拉伸的编辑。

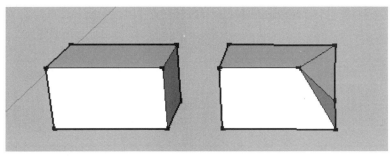

图 13-3-4 对点移动

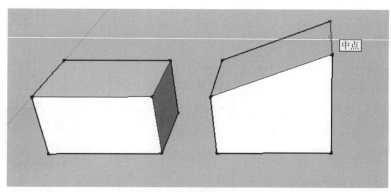

图 13-3-5　对线移动

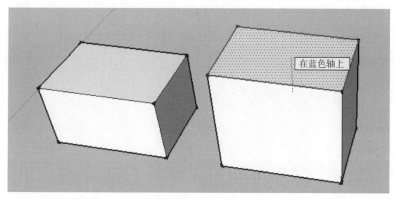

图 13-3-6　对面移动

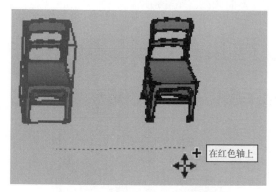

图 13-3-7　使用【移动】工具复制物体

（3）复制物体。

首先选择要复制的物体，点选【移动】工具，按住【Ctrl】键，鼠标会变为在移动符号的右上方会多出一个小加号。选取物体任意角点作为参照点，移动鼠标到下一个结束点，此时就能够复制出一个物体〔在鼠标移动过程中可以松开【Ctrl】键（见图 13-3-7）〕。

（4）阵列。

【阵列】在复制完毕后使用，紧接着在【数值控制区】内输入如："5x"，此时相应的物体就会以之前复制的距离和方向阵列出 5 份。输入多少个 "x"，按【回车】键结束命令就会阵列出几份（见图 13-3-8）。

如果输入 "/5"，则会在复制的物体与原物体之间等分出 5 份物体。输入多少个 "/n"，就会等分多少份（见图 13-3-8、图 13-3-9）。

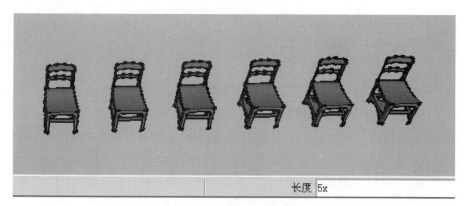

图 13-3-8　复制后阵列物体

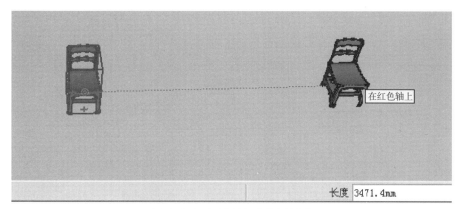

图 13-3-9 复制相隔一定距离的物体

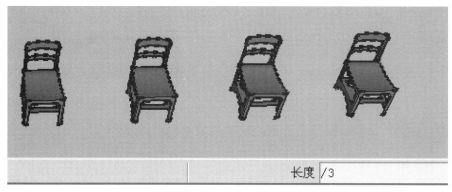

图 13-3-10 输入"/3",等分为 3 份

13.3.2 旋转及环形阵列

1.命令启动方法

● 工具图标:🔁。

● 菜单命令:【工具】→【旋转】。

● 快捷键:【R】。

2.使用方式

(1)旋转。

1)选择要旋转的物体。

2)点选【旋转】工具,鼠标指针变成环形量角器,然后单击一点作为旋转中心点,可以是任意一点,也可以是物体上一点(见图 13-3-11)。

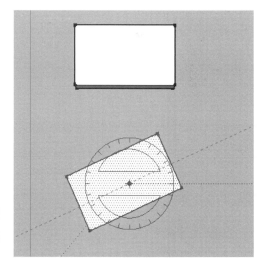

图 13-3-11 选择旋转点

3)移动鼠标,可以看到环形量角器中心点处出现一条虚线,此虚线是旋转的起始线。也可以选择红轴绿轴为参照的起始线(见图 13-3-12)。

4)旋转物体,任意单击一点可以完成任意角度的旋转,也可以在【数值控制区】内输入角度值,如 90,按【回车】键即可完成精确的角度旋转(见图 13-3-13)。

(2)环形阵列。

1)选择要进行环形阵列的物体。

2)按住【Ctrl】键,确定旋转位置,完成第一个旋转复制(见图 13-3-14)。

3)在旋转复制的前提下,在【数值控制区】内输入"5x",按【回车】键结束命令,如图 13-3-15 所示,将以前一个环形复制的角度阵列出 5 个物体。输入多少个"x",就会阵列出几份。

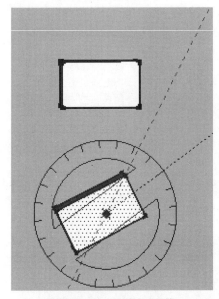

图 13-3-12　以任意角度旋转

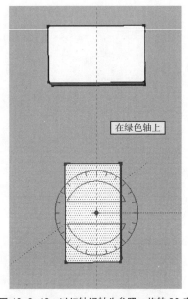

图 13-3-13　以红轴绿轴为参照，旋转 90 度

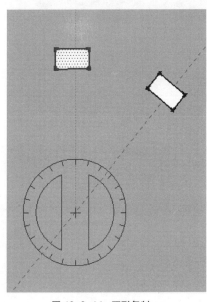

图 13-3-14　环形复制

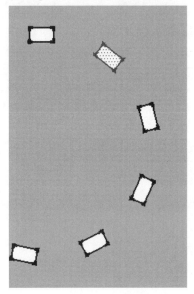

图 13-3-15　环形阵列

13.3.3　推／拉

【推／拉】命令可以用来扭曲和调整模型中的表面，是将二维图形变为三维图形一个重要的命令。【推／拉】工具只能用于平面，因此不能在线框显示模式下工作，不能推拉曲面。

1. 命令启动方法

● 工具图标：。

● 菜单命令：【工具】→【推／拉】。

● 快捷键：【U】。

2. 使用方式

（1）点选【推／拉】命令，在物体表面按住鼠标左键，拖动，松开鼠标；也可以单击表面，移动鼠标，再单击【确定】。【推／拉】的距离会同步显示在【数值控制区】内，也可以向【数值控制区】内输入数值，改变鼠标指定的高度，在激活其他的命令之前可以反复的使用（见图 13-3-16、图 13-3-17）。输入负值

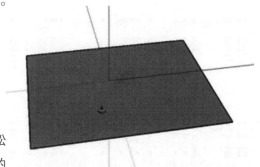

图 13-3-16　未使用【推／拉】命令前的二维图

表示反向的【推 / 拉】。

（2）配合【Ctrl】键使用，可以复制当前所选择面，形成新的表面，可连续执行（见图 13-3-18 ）。

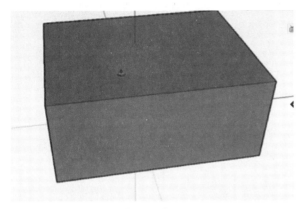

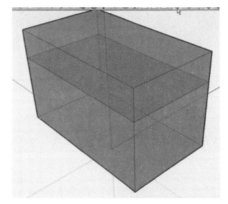

图 13-3-17　使用【推 / 拉】命令后形成的三维图　　　　图 13-3-18　配合【Ctrl】键使用【推 / 拉】复制的面

（3）配合【Alt】键使用，可以强制表面沿着它的垂直方向移动，这样可以使物体变形（见图 13-3-19、图 13-3-20 ）。

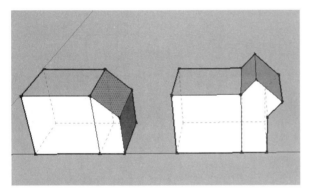

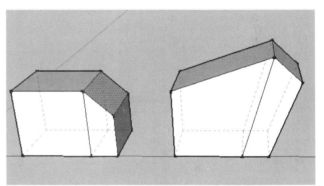

图 13-3-19　直接【推 / 拉】表面形成的效果　　　　图 13-3-20　配合【Alt】键使用【推 / 拉】后形成的效果

13.3.4　跟随路径

【跟随路径】命令用于沿着路径复制平面轮廓。在绘制的过程中必须使得放样截面与放样路径在同一个模型空间内，或在同一个组或组件内。

1. 命令启动方法

● 工具图标 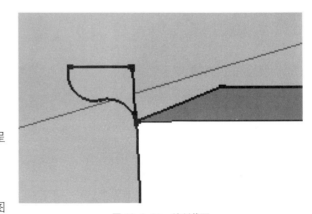 。

● 菜单命令：【工具】→【跟随路径】。

● 快捷键：【D】。

2. 使用方式

（1）绘制需要跟随路径的截面，与跟随路径边线呈垂直状态。

（2）选择路径边线。

（3）点选【跟随路径】工具，并单击要放样的截面图（见图 13-3-21 ）。

图 13-3-21　绘制截面

（4）沿路径边线移动鼠标，此时路径的边线将会以红色显示。若鼠标的移动没有经过预想的路径，须退回去，重新选择路径（见图 13-3-22 ）。

（5）当起点与终点重合时，单击【确定】完成此操作（见图 13-3-23 ）。

177

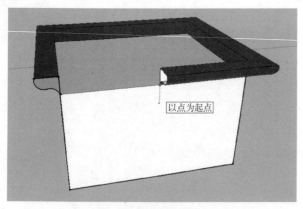

图 13-3-22　选择跟随的路径

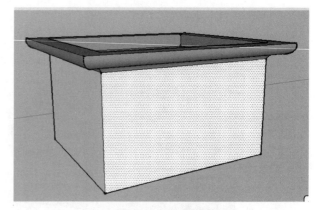

图 13-3-23　完成效果

（6）自动完成跟随路径：在物体的某个面上使用【跟随路径】绘制一个与路径垂直相交的截面，选择【路径跟随】工具，按住【Alt】键，单击截面，选择提供的模拟方式，单击完成绘制（见图 13-3-24 ～图 13-3-26）。

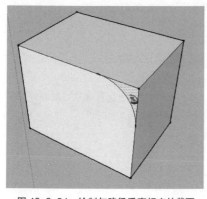
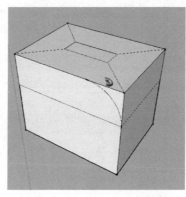
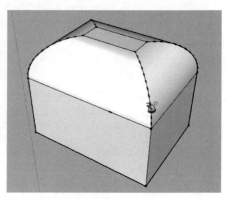

图 13-3-24　绘制与路径垂直相交的截面　　　图 13-3-25　跟随路径的模拟方式　　　图 13-3-26　完成绘制

（7）绘制旋转面：绘制截面，以圆作为路径，使用【跟随路径】命令，完成绘制（见图 13-3-27 ～图 13-3-29）。

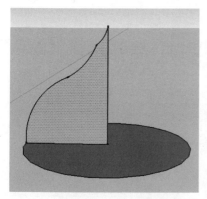
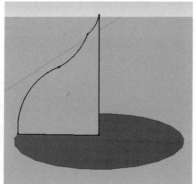
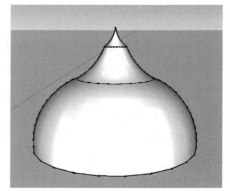

图 13-3-27　绘制截面　　　　　　　图 13-3-28　选择路径　　　　　　　图 13-3-29　完成绘制

13.3.5　调整大小

【调整大小】工具可以对物体进行缩放或拉伸。

1. 命令启动方法

● 工具图标：📐。

● 菜单命令：【工具】→【调整大小】。

● 快捷键：【S】。

2. 使用方式

要调整几何图形的比例：

（1）选择【调整大小】工具。光标变为一个内部包含另一个方框的方框。

（2）单击物体。控制点将显示在所选几何图形的周围（见图 13-3-30）。

（3）单击控制点。所选的控制点将以红色突出显示。每个控制点可进行不同的调整操作（见图 13-3-31）。

（4）移动光标可调整大小比例。调整大小时，在【数值控制区】工具栏将显示物体的相对比例。也可以在调整大小操作完成后，输入所需的比例尺寸，如输入 0.5，按【回车】键即可缩小至原大小的 0.5 倍。

（5）操作过程中，可以随时按下【Esc】键或【空格】键结束操作。

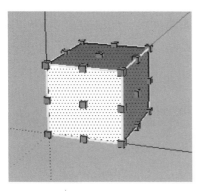 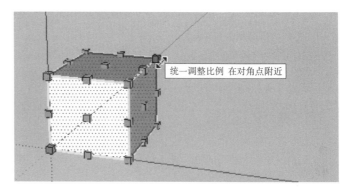

图 13-3-30　调整大小的控制点　　　　　　　　　图 13-3-31　选择的控制点变为红色显示

13.3.6　偏移

偏移是平行地对物体表面或一组共面的线进行偏移复制，可向内或向外偏移。

1. 命令启动方法

● 工具图标：。

● 菜单命令：【工具】→【偏移】。

● 快捷键：【F】。

2. 使用方式

（1）选择【偏移】工具，光标将变为两个偏移角（见图 13-3-32、图 13-3-33）。

（2）单击要偏移的平面。

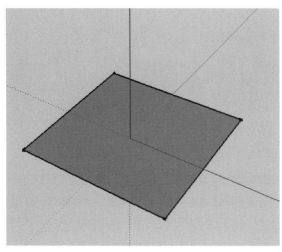 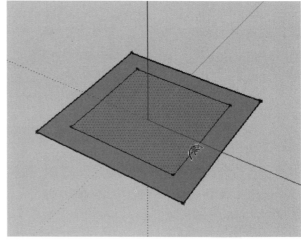

图 13-3-32　面的偏移

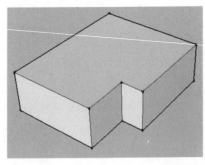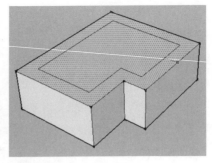

图 13-3-33　线的偏移

（3）移动鼠标光标以定义偏移的尺寸。偏移距离将显示在【数值控制区】工具栏中。可以在矩形平面或圆形物体上，向边线内部或外部偏移。

（4）操作过程中，若需结束操作，可以随时按下【Esc】键。

13.4　组与组件

13.4.1　组

组可以把模型中的绘制的一组元素组成一个整体，以利于选择或编辑。组在 SketchUp 中是一个很重要的概念。

1. 命令启动方法

● 菜单命令：【编辑】→【创建组】。

● 快捷键：【G】。

2. 使用方式

（1）绘制群组（见图 13-4-1、图 13-4-2）。

1）选择需要成组的物体。

2）菜单方式：【编辑】→【创建组】。

快捷键方式：【G】（需导入快捷键列表）。

右键方式：在选择集上右击，选择【创建组】命令。

3）创建后的组的外围呈高亮显示。

图 13-4-1　模型外表显示单一元素表明未创建群组

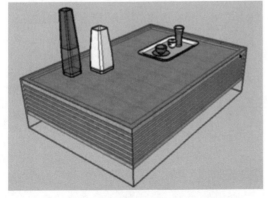

图 13-4-2　外表显示框表明已经创建群组

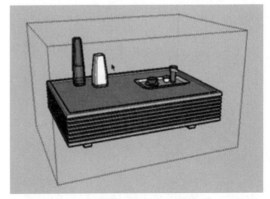

图 13-4-3　双击群组外围显示虚线框表明进入到编辑状态

（2）修改群组：

1）对群组使用【选择】工具双击【组】，当群组外围显示黑色虚框的时候表示进入了【组】的编辑状态。

2）在组的编辑状态中，可以对组内的物体进行移动、复制、比例缩放以及复制粘贴等操作。

13.4.2　组件

组件是被定义为一个单位的单个或多个物体的几个，和组不同，组件间具有关联性，可以批量的修改和操作。

1.命令启动方法

● 工具图标：。

● 菜单命令：【编辑】→【创建组件】。

● 快捷键：【O】。

2.使用方式

（1）创建组件。选中要定义为组件的物体后，选择菜单【编辑】→【创建组件】，或单击 。此时会跳出【创建组件】的对话框（见图 13-4-4）。

（2）组件定义成功以后，单击物体，物体外有高亮显示（见图 13-4-5）。

图 13-4-4　组件对话框　　　　　　　　　　图 13-4-5　绘制成组件

（3）组件具有关联性，当对其中一个组件进行编辑修改时，其他组件也随之发生改变（见图 13-4-6）。这是组和组件最重要的区别。

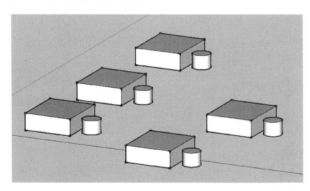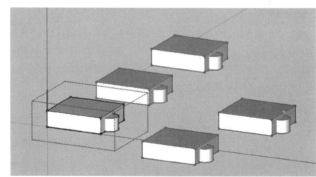

图 13-4-6　编辑组件

3.【创建组件】对话框

【名称】：给组件命名，方便以后的查找。

【描述】：关于组件的一些特性，信息等。

【对齐黏接（无）】：共有 5 种黏接方式，用于指定组件插入时所对齐的平面。

【用组件替换选择内容】：通常勾选，当前所选的物体会自动合并成为一个组（见图 13-4-7）。

4.组件库

● 菜单命令：【窗口】→【组件】。

● 快捷键：【Alt+O】。

图 13-4-7　【创建组件】对话框

SketchUp 的官方网站为用户提供了丰富的组件库，比如：景观、建筑施工、人物、交通运输等（见图 13-4-8）。用户可以在这些组件库中找到已经做成组件的素材，直接插入到模型场景中，大大提高了绘制模型的效率 。

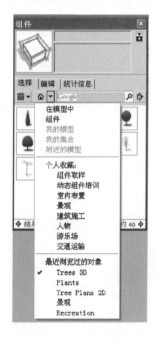

图 13-4-8　组件库及组件

若 SketchUp 官网上提供的组件不足够使用，可以通过 SketchUp 的资源网站下载相应的组件库，找到 SketchUp 的安装目录下的 components 文件夹，把收集到的组件库放入文件夹中。

从【组件】窗口的扩展菜单【打开或创建本地集合】，找到相应的文件目录，可以添加所下载的组件（见图 13-4-9）。

13.5　材质

13.5.1　颜料桶

1.命令启动方法

● 工具图标：🖌️。

● 菜单命令:【工具】→【颜料桶】。

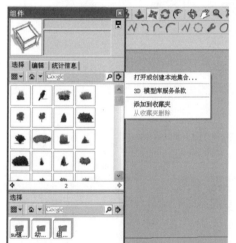

图 13-4-9　创建自己的组件库

● 快捷键:【X】。

2.使用方法

（1）赋材质。

1）点选【颜料桶】工具，弹出【材质】对话框（见图 13-5-1）。

2）选择【材质】选项 材质 ，系统中已有很多材质，可以分别打开它们所在的文件包，选择需要的材质。直接拖拉到需要赋材质的面上，即可以完成材质赋予。

3）在【材质】选项板中点选【创建材质】图标 ，出现【创建材质】面板，选择【色轮】，可以调整其颜色，

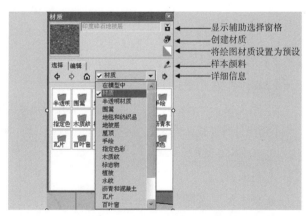

图 13-5-1　材质对话框

重新定义材质名称，调整其透明度，形成新的材质（见图 13-5-2）。

（2）当前材质。

1）点选【材质】面板中的 🏠 图标，可以显示在模型中的材质，在模型中使用的材质右下角带有白色的小三角（见图 13-5-3）。

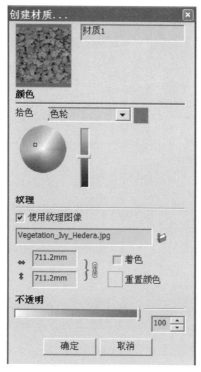

图 13-5-2　创建材质对话框

图 13-5-3　当前材质对话框

2）如果不需要目前所赋予的材质，可以单击◤，可以恢复到没有赋予任何材质表面的原有颜色。

3）在模型中有的模型样图右下角无小三角符号，为场景中曾使用过的材质，之后又被替换掉。

（3）编辑材质。

使用【材质】面板的【编辑】选项栏，可以对模型中的材质进行编辑；包括模型的【颜色】【纹理】和【透明度】（见图 13-5-4）。

1）颜色。

通过下拉列表可以选择颜色体系。有【色轮】【HLS】（色相/亮度/饱和度）【HSB】（色相/饱和度/明度）和【RGB】（红/绿/蓝）四种颜色系统可供选择。

2）纹理。

调出【材质】面板后，点选材质中的【纹理】选项，可以在【使用纹理图像】前打勾 ☑ 使用纹理图像 ，或者点选【浏览】按钮 🗁 ，可以对所选材质进行贴图。

打开【选择图像】的对话框，可以选择外部的 .jpeg 或 .png 文件作为材质贴图；或者在调出【材质】面板后，点选【添加

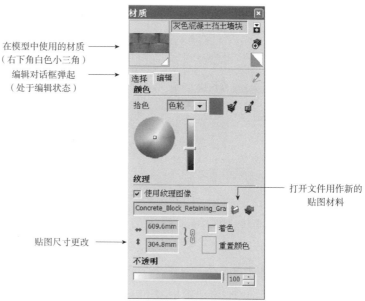

在模型中使用的材质
（右下角白色小三角）

编辑对话框弹起
（处于编辑状态）

打开文件用作新的
贴图材料

贴图尺寸更改

图 13-5-4　编辑材质对话框

183

材质】图标 ，调出【创建材质】面板，选择点选【浏览】按钮 ，也可以添加进新的材质。

在贴图尺寸框中 ，可以指定或更改当前贴图在模型中的尺寸。左边的水平和垂直箭头可以恢复先前的设置。右边的锁链图标表示可以锁定或断开当前的尺寸高宽比例联系（见图13-5-5）。

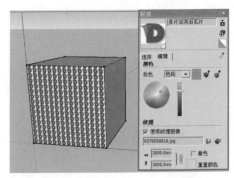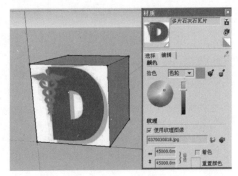

图 13-5-5　使用纹理图像

3）不透明度。

通过【不透明度】的滑块或其后的【数值控制区】可以调节材质的不透明度。材质的不透明度介于0 ~ 100%之间，不透明度越小材质越透明。

13.5.2　贴图

简单的贴图可以输入长宽数值来调整贴图的大小。但如若移动物体，会发现贴图不随物体移动。这是因为SktechUp的贴图自己定义了一个坐标系，坐标原点与SktechUp的坐标原点是相重合的。这样物体移动改变了坐标，但是贴图坐标依然以原点固定，造成贴图的极大不便。使用贴图坐标可以改善这样的情况。

在贴图坐标的设置中，有两种模式：自由图钉和锁定图钉。

在已经完成贴图的图形表面右击，通过右键→【纹理】→【位置】调出【自由图钉】（见图13-5-6）。同时在【图钉】上右击可以切换【自由图钉】和【固定图钉】之间的模式，【固定图钉】前打勾，表明【固定图钉】模式开启；【固定图钉】没有打勾，为【自由图钉】模式开启（见图13-5-7）。

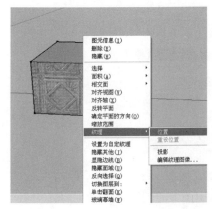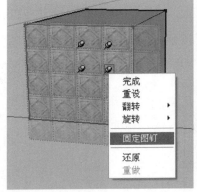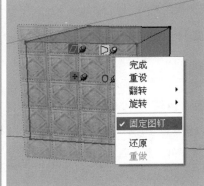

图 13-5-6　调出【图钉】模式　　　　　　　　图 13-5-7　【自由图钉】模式（左）和【固定图钉】模式（右）

（1）自由图钉。

在【自由图钉】模式中，单击【图钉】可以改变图钉的位置，拖动【图钉】可以使该图钉对贴图进行变形操作（见图13-5-8）。

当坐标贴图与模型不能完整对齐时，可以通过移动四个角上的图钉，使得贴图与模型对齐（见图13-5-9）。

在设置贴图坐标的任意步骤中按【Esc】键，可以取消当前的操作，按两次【Esc】键，则可以取消整个操作。

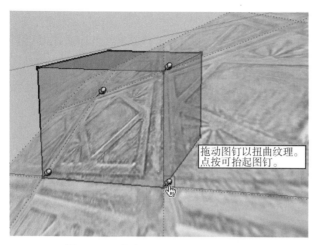

图 13-5-8　拖动图钉对贴图进行变形操作

图 13-5-9　贴图与模型对齐

（2）固定图钉。

在【固定图钉】的模式状态下，图钉呈现红、绿、蓝、黄四个彩色图钉（见图 13-5-7、图 13-5-10）。

【移动图钉】：拖动此图钉可以对贴图进行移动操作。

【平行四边形变形图钉】：拖动此图钉可以对贴图进行平行四边形变形操作。

【梯形变形图钉】：拖动此图钉可以对贴图进行梯形变形操作。

【缩放 / 旋转图钉】：拖动此图钉可以对贴图进行缩放、旋转操作。在缩放或旋转时会显示两条虚弧线，分别对应缩放和旋转前后比例与角度变化。

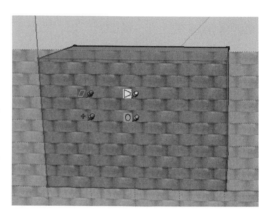

图 13-5-10　贴图与模型对齐

单击【图钉】可以改变图钉的位置，拖动【图钉】可以使该图钉对贴图进行变形操作。可以拖动图钉完成移动、缩放、旋转、平行变形和梯形变形等操作（见图 13-5-11）。

（3）【自由图钉】和【固定图钉】的快捷菜单。

在进行贴图坐标时，右击调出相应的快捷菜单（见图 13-5-12）。

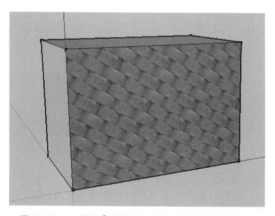

图 13-5-11　使用【平行四边形变形图钉】后的效果

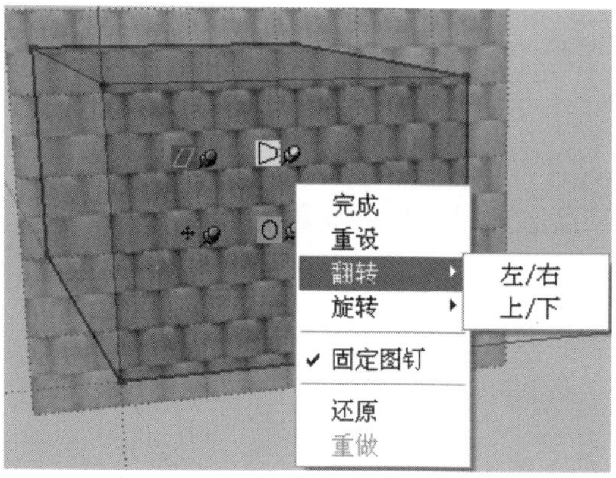

图 13-5-12　【图钉】快捷菜单

【完成】：确定并结束贴图坐标。

【重设】：对设置贴图的坐标重新设置。

【翻转】：左 / 右、上 / 下翻转贴图。

【旋转】：分别以90°、180°、270°三种旋转角度旋转贴图。

【固定图钉】：切换到【自由图钉】与【固定图钉】模式。

【还原】：取消设置贴图坐标的操作。

13.6　构造工具

通过菜单【视图】→【工具栏】→【构造】可以打开【构造】工具栏。【构造】工具栏包含了【卷尺】【尺寸】【量角器】【文本】【轴】和【三维文本】工具（见图13-6-1）。调出的工具栏显示【建筑施工】，这是翻译上的不同。下面就分别讲述各个工具条。

图13-6-1　【构造】工具条

13.6.1　卷尺工具

【卷尺】工具可以测量出所画物体的尺寸，可以更改模型的全局比例，还可以绘制出辅助线，是个用途很多的工具。

1. 命令启动方法

● 工具图标：。

● 菜单命令：【工具】→【卷尺】。

● 快捷键：【Q】。

2. 使用方式

（1）测量。

点选【卷尺】工具，选择要测量距离的起点和结束点，分别在物体上会有亮点显示，并且在结束点旁边停留一会，会出现所测量线条的长度；在【数值控制区】内也会同时显示所测量到的数值（见图13-6-2）。

（2）全局比例缩放。

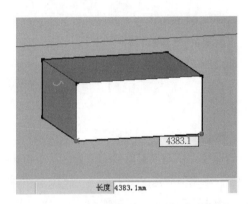

图13-6-2　测量到的数值和【数值控制区】内的数值一致

点选【卷尺】工具，测量两个点间的距离，并以此作为缩放的依据。

重新输入一个新的数值，重新指定两点间的距离，对应的缩放比例将会在模型中全局使用。

例如：对一个正方体整体的放大3倍。量到的物体的一个边长为3000mm，此时在数值控制区内，输入9000mm，会跳出【是否调整模型的大小】对话框，当选择【是】后，整个模型将变为边长为9000mm的模型（见图13-6-3）。

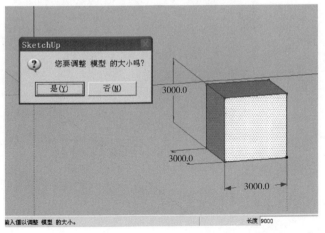

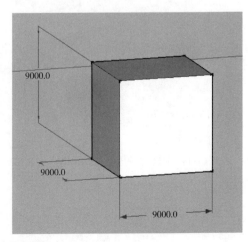

图13-6-3　使用【卷尺】工具缩放物体

（3）辅助线。

辅助线适用于精确的建模。使用【测量工具】单击参考单元，输入偏移的参考数值，回车后就能够放置指定位置的参考线。

例如：在3000mm×3000mm×3000mm的一个立方体上开一道2100mm×900mm的门。点选【卷尺】工具，选择要偏移的尺寸的参照线，鼠标往要偏移的方向移动，此时输入数值，比如2100mm，就会得到距离参照线偏移了2100mm的辅助线。以此方法，分别得到其他几个方向的辅助线（见图13-6-4～图13-6-6）。

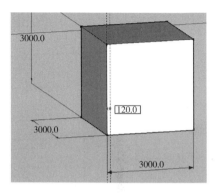

图13-6-4　创造垛宽尺寸（120mm）的辅助线

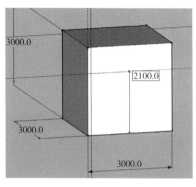

图13-6-5　创造门高尺寸（2100mm）的辅助线

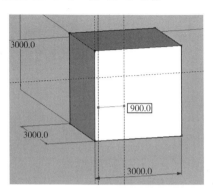

图13-6-6　创造门宽尺寸（900mm）的辅助线

13.6.2　尺寸

在SketchUp中，边线和点都可以用来指示尺寸。合适的点包括：终点、中点、边线上的点、交点以及圆弧和圆的中心。

1. 命令启动方法

● 工具图标：🖊。

● 菜单命令：【工具】→【尺寸】。

● 快捷键：【Alt+T】。

2. 使用方式

（1）选择【尺寸工具】，光标将变为箭头。

（2）单击尺寸的起点。

（3）将光标向尺寸的终点移动。

（4）单击尺寸的终点。

（5）垂直移动光标以标注尺寸字符串。

（6）单击鼠标固定尺寸字符串的位置。

（7）操作过程中，随时按下【Esc】键，结束操作。

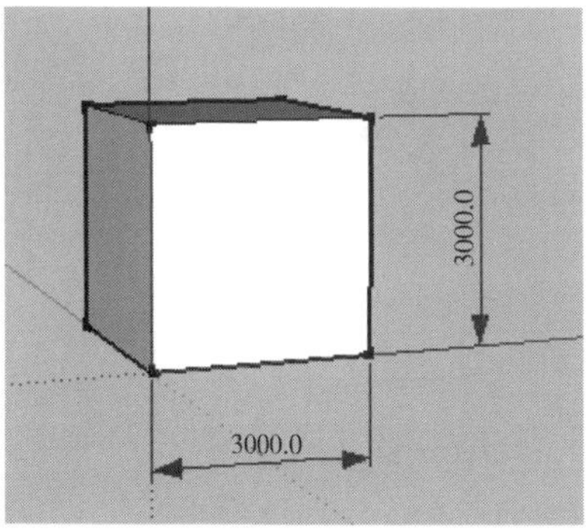

图13-6-7　标注尺寸

13.6.3　量角器

1. 命令启动方法

● 工具图标：🖉。

● 菜单命令：【工具】→【量角器】。

● 快捷键：【Alt+P】。

2. 使用方式

（1）选择【量角器】，光标将变为与红/绿轴平面对齐的量角器，其中心点固定在光标上。

（2）将量角器的中心放到角的顶点。

（3）单击设置要测量的角的顶点。

（4）旋转移动光标，直到触及角的始端（其中一条边）。单击设置角的始端。

（5）按【Enter】键。

（6）旋转移动光标直到引导线达到理想角度，或直接在【数值控制区】输入数值。可得到角的终边（另一条边）（见图 13-6-8）。

图 13-6-8　【量角器】测量角度

13.6.4　文本

文本标注有引线文本和屏幕文本。

1. 命令启动方法

● 工具图标：📝。

● 菜单命令：【工具】→【文本】。

● 快捷键：【T】。

2. 使用方式

（1）引线文本包含字符和一条指向（连接）物体的引线。要创建和放置引线文本：

1）选择【文本工具】，光标变为一个带有文本提示的箭头。

2）单击任一物体，指示引线的终点（引线所指的位置）。

3）移动光标以定位文本。随着光标在屏幕上移动，引线会拉长或缩短。

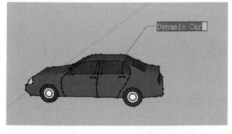

图 13-6-9　引线文本

4）单击定位文本，系统会显示一个带有默认文本的文本输入框。

5）操作过程中，可以随时按下【Esc】键，重新开始操作。

6）单击文本框外部，即可完成文本输入（见图 13-6-9）。

（2）屏幕文本含有字符但不与物体相关联，无论怎样操作或环绕模型，文本都会在屏幕上的固定位置显示。

1）选择【文本工具】，光标变为一个带有文本提示的箭头。

2）将鼠标移动到屏幕上的空白区域，屏幕文本将显示在此处。

3）单击文本，系统会显示文本输入框，可在文本输入框中输入文本。

4）单击文本框外部，即可完成文本输入。无论怎样操控和旋转模型，屏幕文本都将在屏幕上的固定位置显示（见图 13-6-10）。

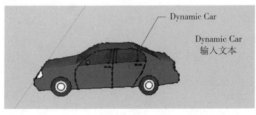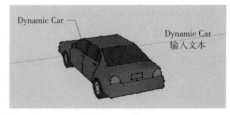

图 13-6-10　屏幕文本

（3）编辑文字，使用【文字标注】工具或【选择】工具双击有文字标注的物体即可以编辑文本信息。右击【文字标注】，在弹出的快捷菜单中选择【编辑文字】命令，即可以对文本信息进行编辑。

13.7　截面工具

通过菜单：【视图】→【工具栏】→【截面】可以调出【截面】工具栏。截面工具栏包含了【截平面】【显示截

平面】【显示截面切割】三个工具（见图13-7-1）。

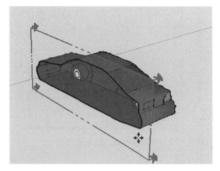

图 13-7-1　截面工具栏

1. 命令启动方法

● 工具图标：

● 菜单命令：【工具】→【截平面】。

● 快捷键：【P】。

2. 使用方法

（1）选择【截平面】工具，光标变为带有截平面的指示器（见图13-7-2）。

（2）单击平面以创建物体的截平面以及相应的截面切割效果。

（3）使用【移动】工具，移动截平面位置（见图13-7-3）。

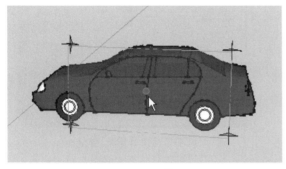

图 13-7-2　放置截平面

图 13-7-3　移动截平面位置

（4）操作过程中，可以随时按下【Esc】键，重新开始操作。

（5）选择【显示截平面】工具，可以显示截平面（见图13-7-4）。

（6）选择【显示截面切割】工具，可以在物体上显示出截面切割位置（见图13-7-5）。

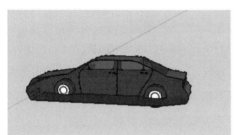
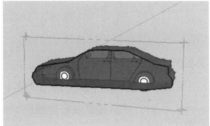
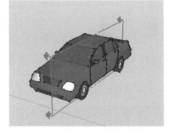

图 13-7-4　显示截平面

图 13-7-5　显示截面切割

13.8　图层

SketchUp 中，图层并不像 AutoCAD 那样将属于不同图层的物体分开，同属于一个图层的物体，并不表示它们不会和其他图层中的几何体合在一起。在 SketchUp 中，图层与组件是两个并列的组织管理系统，在编辑文件时可同时使用图层、组、组件更有效的对模型进行管理。

1. 图层管理器命令启动方法

通过菜单【视图】→【工具栏】→【图层】可打开图层工具栏右侧的【图层管理器】可以对图层进行相关设计。

● 菜单命令：【窗口】→【图层】。

● 快捷键：【Shift+E】。

● 图层工具单击图标

2. 使用方式

（1）【新建图层】：单击【新建图层】按钮，可以新建图层。随后可以对新图层进行命名。每个图层都有不同的颜色，也可以使用其默认设置。

（2）【删除图层】：在选中一个或多个图层后，单击【删除图层】按钮◯，可以将其删除。如果要删除的图层中含有物体，将会弹出一个对话框询问当前图层中的物体的处理方式。可以将这些物体移至当前图层或默认图层（删除图层不会删除图层中的物体）。

（3）【名称】：单击任意图层，即可以将其置为当前图层。单击图层名称可以重命名。

（4）【颜色】：显示各个图层的颜色，单击【颜色样本】可以为图层指定其他的颜色。

（5）【图层命令】：单击图层对话框右上方的 ➡（见图13-8-1），出现【图层命令】（见图13-8-2）。

图13-8-1　图层管理器

图13-8-2　【图层】命令

（6）【全选】：选择所有图层。

（7）【清除】：清除所有未使用的图层。

（8）【图层颜色】：选择按【图层颜色】显示后，模型中的物体会以各自图层的颜色进行渲染。

13.9　沙盒

通过菜单：【视图】→【工具栏】→【沙盒】可以调出【沙盒】工具栏。【沙盒】工具栏依次包含了【根据等高线创建】【根据网格创建】【曲面拉升】【曲面平整】【曲面投射】【添加细部】和【翻转边线】七个工具（见图13-9-1）。本节主要讲解使用【根据等高线创建】和【根据网格创建】创建地形。

图13-9-1　【沙盒】工具栏

1. 根据等高线创建地形

（1）命令启动方法。

● 工具图标：🗺。

● 菜单命令：【绘图】→【沙盒】→【根据等高线创建】。

（2）绘制方法。

1）CAD中绘制好等高线样式，如图13-9-2（a）。

2）SketchUp中，【文件】→【导入】等高线线型，导入的线型自动呈组；建议双击鼠标左键打开组，然后三击某条线，并按等高距如500mm，向上移动依次递增，如图13-9-2（b）。

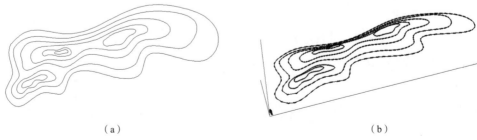
（a）　　　　　　　　　　　　　（b）
图13-9-2　导入等高线

3）组内构造选中所有等高线，选择【绘图】→【沙盆】→【根据等高线创建】。将以等高线为向导填充地形图，如图 13-9-3（a）。

4）组内用橡皮逐条删除多余凹部位的连线，如图 13-9-3（b）。

2. 根据网格创建地形

（1）命令启动方法。

● 工具图标：📐。

● 菜单命令：【绘图】→【沙盒】→【根据网格创建】。

（2）绘制方法。

1）选择菜单【绘图】→【沙盒】→【根据网格创建】，激活此命令。

2）在数值控制区内输入【栅格间距】和【长度】，即可创建如图 13-9-4 所示的网格。

3）在网格上右击→【分解】，把组炸开，便于曲面拉升的使用。

4）从菜单【视图】→【工具栏】→【沙盒】，调出【沙盒】工具栏。

5）激活【曲面拉伸】工具，输入拉升半径，可以进行圆形拉升。

6）可以使用【选择】工具，选择要拉升的区域，可以是方形、组合形状等，可以拉升出所需要的地形（见图 13-9-5 ~ 图 13-9-7）。

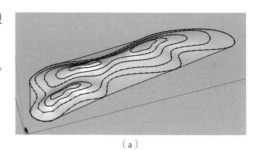

（a）

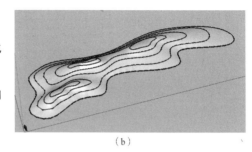

（b）

图 13-9-3　生成地形

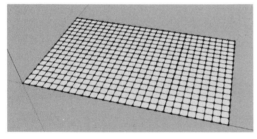

图 13-9-4　创建网格

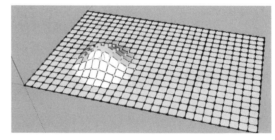

图 13-9-5　圆形拉升

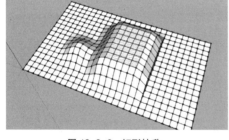

图 13-9-6　矩形拉升

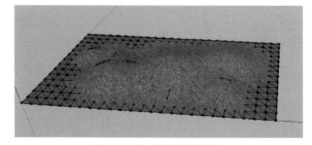

图 13-9-7　创造出所需地形

13.10　视图与显示

13.10.1　标准视图

从菜单栏【视图】→【工具栏】→【视图】，可调出【视图】工具栏，如图 13-10-1 所示，分别是【等轴】【俯视图】【主视图】【右视图】【后视图】【左视图】（见 13-10-1）。

图 13-10-1　【视图】工具栏

191

（1）等轴（见图 13-10-2 ）。

● 工具图标：⬡ 。

● 菜单命令：【镜头】→【标准视图】→【等轴】。

● 快捷键：【F8】。

（2）俯视图（见图 13-10-3 ）。

● 工具图标：▯ 。

● 菜单命令：【镜头】→【标准视图】→【顶部】。

● 快捷键：【F2】。

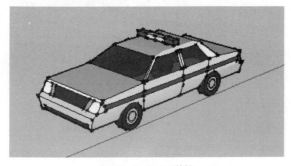

图 13-10-2　F8 等轴

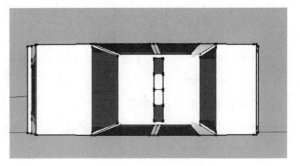

图 13-10-3　F2 顶视图

（3）主视图（见图 13-10-4 ）。

● 工具图标：⌂ 。

● 菜单命令：【镜头】→【标准视图】→【前】。

● 快捷键：【F3】。

（4）右视图（见图 13-10-5 ）。

● 工具图标：💾 。

● 菜单命令：【镜头】→【标准视图】→【右】。

● 快捷键：【F5】。

图 13-10-4　F3 主视图

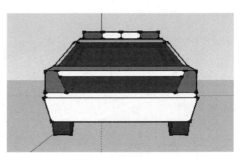

图 13-10-5　F5 右视图

（5）后视图（见图 13-10-6 ）。

● 工具图标：⌂ 。

● 菜单命令：【镜头】→【标准视图】→【后】。

● 快捷键：【F6】。

（6）左视图（见图 13-10-7 ）。

● 工具图标：▭ 。

● 菜单命令：【镜头】→【标准视图】→【左】。

● 快捷键：【F4】。

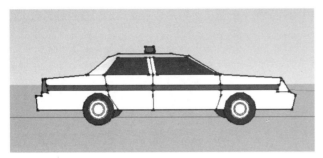

图 13-10-6　F6 后视图

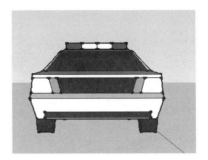

图 13-10-7　F4 左视图

13.10.2　显示样式

显示样式的命令启动方法如下。

从菜单栏【视图】→【工具栏】→【样式】可调出【样式】工具栏，如图所示，分别是【X 射线】【后边线】【线框】【隐藏线】【阴影】【阴影纹理】【单色】(见图 13-10-8)。

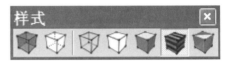

图 13-10-8　【样式】工具栏

【X 射线】：可以和其他显示模式配合使用（后边线模式除外）。在此模式下，所有表面都变得透明，可以方便的观察模型（见图 13-10-9 ）。

【后边线】：模型中被遮盖的边线会以虚线表示。需要透视模型时，这也能够发挥与【线框】或【X 射线】模式相同的功能（见图 13-10-10 ）。

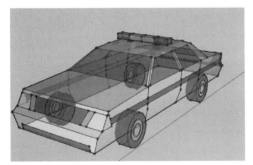

图 13-10-9　X 射线 + 阴影纹理

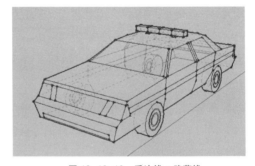

图 13-10-10　后边线 + 隐藏线

【线框】：所有的表面都被隐藏，只显示模型的边线（见图 13-10-11 ）。

【隐藏线】：所有的面都将以背景色渲染，并遮盖位于其后的边线（见图 13-10-12 ）。

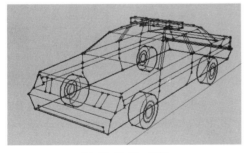

图 13-10-11　线框

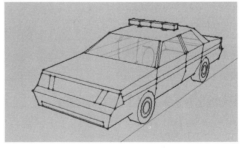

图 13-10-12　隐藏线

【阴影】：显示所有应用到面的材质和根据光源应用的颜色。

【阴影纹理】：表面被赋予的贴图和材质都会被显示出来。有些时候，贴图会降低 SketchUp 的运行速度，所以也可以取消此项（见图 13-10-13 ）。

【单色】：模型以一种单色显示（见图 13-10-14 ）。

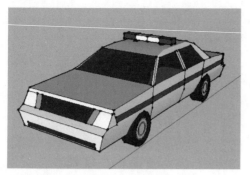

图 13-10-13　阴影纹理

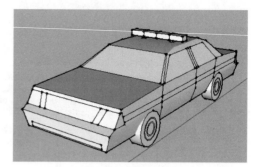

图 13-10-14　单色

13.11　漫游工具

【漫游】工具包括了【定位镜头】【漫游】和【正面观察】命令（见图 13-11-1）。

13.11.1　定位镜头

图 13-11-1 【漫游】工具

1. 命令启动方法

● 工具图标：🚶。

● 菜单命令：【镜头】→【定位镜头】。

● 快捷键：【Alt+C】。

2. 使用方法

定位镜头可以在指定的视线高度来观察模型，有如下方式。

（1）单击鼠标：可以指定相机位置，得到当前的视点高度 眼睛高度 1676.4mm 的大概视图。在【数值控制区】输入数值可以更改视线高度。

（2）单击并拖动：可以确定相机的目标点。指定相机位置后，拖动鼠标朝向视线终点，此时产生一条虚线（见图 13-11-2），模拟视线的轨迹方向。此时【数值控制区】数值显示为 0，输入视线高度可以指定视点。

（3）单击相机位置后，【正面观察】工具将自动激活。以当前视点为基点观察模型，进行上下左右的微调。若要后退，使用【缩放工具】🔍，可以后退。

13.11.2　漫游

1. 命令启动方法

● 工具图标：👣。

● 菜单命令：【镜头】→【漫游】。

● 快捷键：【W】。

2. 使用方法

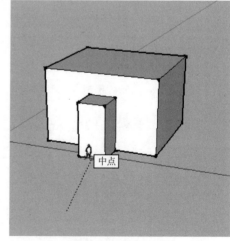

图 13-11-2　定位镜头

（1）【漫游】工具只有在透视模式情况下可用。查看菜单【镜头】→【透视图】前是否有打勾，处于开启状态。

（2）单击【漫游】图标，在绘图窗口任意位置单击，出现十字符号，确定漫游参考点位置。按住鼠标左键，向上拖动是前进，向下拖动是后退，左右拖动是左转和右转。

（3）按住【Shift】键，可以上下垂直移动或水平垂直移动；按住【Ctrl】键，可以加快移动速度。

（4）漫游时，激活【视图缩放】工具，并按住【Shift】键，上下拖动鼠标可以调整透视角度（见图 13-11-3）。

13.11.3 正面观察

正面观察是在确定了视点位置以后，模拟人的眼球转动或是转动脖子四处观察。用于确定了相机位置后，观察当前视点效果。

1. 命令启动方法

● 工具图标：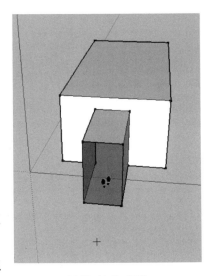。

● 菜单命令：【镜头】→【正面观察】。

● 快捷键：【Alt+L】。

2. 使用方法

（1）单击正面观察图标，在绘图窗口按下鼠标左键并拖动，可以看到正面观察的效果。

（2）在正面观察的状态下，在【数值控制区】内输入数值，可以确定视点高度。

（3）按住鼠标中键，可以激活【环绕观察】工具。

图 13-11-3 漫游

13.12 设置场景及导出动画

场景可以保存多个视图，通过不同的场景可以设置模型不同的透视角度、渲染显示模式等。同时，SketchUp为使用者提供了动画功能，动画也是由场景连续播放产生的。

图 13-12-1 【场景】管理器

13.12.1 创建场景

1. 命令启动方法

● 菜单命令：【窗口】→【场景】。

● 快捷键：【Alt+L】（见图 13-12-1）。

2. 使用方法

（1）添加场景：⊕ 按钮：以当前相机位置新建一个场景。等同于菜单命令：【视图】→【动画】→【添加场景】；快捷键：【Alt+A】。

（2）删除场景：⊖ 按钮：删除选中的场景。等同于菜单命令：【视图】→【动画】→【删除场景】；快捷键：【Alt+D】。

（3）更新场景：⟳ 按钮：以当前相机位置对当前的已创建的场景进行更新。等同于菜单命令：【视图】→【动画】→【更新场景】；快捷键：【Alt+U】。

（4）前移 / 后移：⟮⟯ 按钮：场景的排列顺序，可前后移动。

（5）场景的显示方式：▤▾ 按钮：有【小缩略图】【大缩略图】【详细列表】【列表】等方式。

（6）隐藏 / 显示详细信息：▣▣ 按钮：可以隐藏或显示【包含在动画中】【名称】【说明】【镜头位置】等信息。

（7）扩展菜单：◨ 扩展出关于场景的相关选项（见图 13-12-2）。

（8）右击：调用菜单命令产生场景后，模型空间的绘图区域左上角将产生【场景号 1】【场景号 2】……的标签。在标签位置右击，调出扩展菜单（见图 13-12-3）。

图 13-12-2 【场景】扩展菜单

图 13-12-3 【场景】扩展菜单

图 13-12-4 【场景】属性对话框

13.12.2　场景属性

场景属性可以显示或隐藏场景的详细信息。建立的场景，对应特定的视点、渲染显示设定、特定时间或场所下的阴影效果、特定的图层显示组合方式、隐藏物体的选择集、剖面的激活状态以及其他各种属性组合（见图 13-12-4）。

1.命令启动方法

创建场景之后，点击 🔓 按钮，显示场景详细信息：

2.使用方法

（1）【包含在动画中】：在此选项框前打勾，进行动画播放时，勾选的场景会连续播放，但会跳过没有选中该复选框的场景。

（2）【名称】：给场景命名，可以接受默认名称或输入一个文件名。

（3）【说明】：对场景添加注释说明。

（4）【镜头位置】：记录当前相机镜头的视角、视距等信息。

（5）【隐藏的几何图形】：打开或关闭隐藏的几何图形。

（6）【可见图层】：打开或关闭图层。

（7）【活动截平面】：记录截平面的激活状态，结合幻灯播放，可以动态地展示模型。

（8）【样式和雾化】：显示的属性，如线框显示、背景效果等。

（9）【阴影设置】：记录阴影的相关信息，包括类型、时间、日期等。

（10）【轴位置】：记录绘图坐标轴的位置和显示情况。

13.12.3　幻灯片播放

1.命令启动方法

● 菜单命令：【视图】→【动画】→【设置】。

2.使用方法

（1）参数设置：幻灯片播放的参数设置，包括场景转换时间和场景延迟时间。通过【启用场景转换】和【场景延迟】两个对话框进行设置，当场景延迟设为 0 秒时，动画的播放会比较的流畅（见图 13-12-5）。

（2）播放动画：通过菜单【视图】→【动画】→【播放】调出【动画播放】对话框。之前设置好的页面将会依次的播放（见图 13-12-6）。

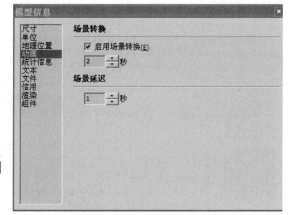

图 13-12-5 【模型信息】对话框

图 13-12-6 【模型信息】对话框

13.12.4　导出动画

1.命令启动方法

● 菜单命令：【文件】→【导出】→【动画】。

● 快捷键：【Ctrl+4】。

2.使用方法

（1）输出动画对话框，输出类型中选择 ".avi" 格式，单击选项，调出【动画导出选项】（见图 13-12-7）。

（2）画面尺寸：设置的【高度】和【宽度】数值用于控制每个场景画面的像素。一般选用 400×300 或者 320×240，如果要求比较高则选择 640×480。

（3）锁定高宽比例：可以锁定或断开每一个场景动画图像的高宽比。

（4）比例：当高宽为锁定时，可以选择 4：3 或者 16：9 的比例。

（5）帧速率：指每秒产生的画面数。【帧速率】设置的越大，渲染的时间以及输出后的视频文件就越大。设置为 8 帧 /s 是画面连续的最低要求。设置为 12 ～ 15 帧 /s 可以保证播放流畅并能够控制文件的大小。

（6）【循环至开始场景】：选中此对话框，可以无限循环播放动画。

（7）【编码解码器】：指定动画的编码或压缩程序，可以调整画面质量，通常选择默认值。

（8）【消除锯齿】：选中此对话框，动画图像将经过平滑处理。消除锯齿的动画渲染需要更多时间。

（9）【始终提示动画选项】：选中此对话框，在创建视频文件之前总是显示这个对话框。

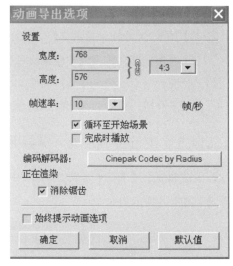

图 13-12-7 【动画导出选项】对话框

13.13　光照与阴影

SketchUp 通过精确的模拟太阳位置照射产生阴影，可以对建筑模型进行日照效果模拟，使得模型不但具有真实的空间感，而且也可以分析建筑的日照效果（见图 13-13-1）。

● 菜单命令：【窗口】→【阴影】。

● 快捷键：【Shift+S】。

【显示阴影】：图标按钮 下凹和弹起表示阴影效果的开关切换。其后的时间设定选择框内可选择一天 24 小时的具体时间。

【时】：时间滑条，可设置一天中的具体时间，也可以在其后的数字框内输入或选择具体时间。

【日】：日期滑条，可以设置具体日期，也可以在其后的数字框内输入或从日历中选择。

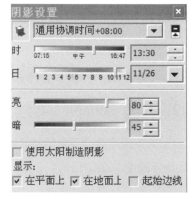

图 13-13-1　对话框

【亮】：控制漫射光的数值。

【暗】：控制环境光的数值。

【使用太阳制造阴影】：选中此对话框，在没有实际显示投射时使用太阳使模型的部分区域出现阴影。

【在平面上】：选中此对话框，启用平面阴影投射。此功能要占用大量的 3D 图形硬件资源，因此可能会导致性能降低。

【在地面上】：选中此对话框，启用在地平面（红色 / 绿色平面）上的阴影投射。

【起始边线】选中此对话框，启用边线的阴影投射。

13.14　插件

插件是 Google SketchUp 使用 Ruby 编程语言编写的外挂程式。一旦安装完成，可新增工具，简化多步骤操作或改进使用 SketchUp 的方式。

安装插件有以下操作步骤：

（1）将插件下载到电脑（插件资源可在网络下载）。

（2）如果下载的档案是压缩包，先进行解压缩。解压缩后的文件具有后缀名为".rb"的副档。

（3）如果 SketchUp 正在运行，请将其关闭。

（4）将解压缩后的插件文档复制到 SketchUp 安装系统的正确位置：例如 SketchUp 安装在 C 盘，将文件拷贝到 Windows：C：/Program Files/Google/Google SketchUp 8/Plugins。

接下来介绍几种常用的插件工具，此部分资料来自：紫天 SketchUp 中文网址［http：//www.sublog.net］。

13.14.1　Bezier Spline（贝兹曲线）

贝兹曲线是用来在平面或立体环境中建立贝兹曲线的工具，可以以多种方式绘制贝兹曲线，解决了 SketchUp 在曲线绘制方面的功能较弱的问题（见图 13-14-1）。

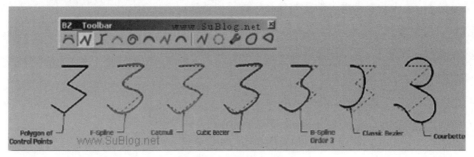

图 13-14-1　Bezier Spline

作者：Fredo6

版本：1.4f

发布时间：2011.01.23

来源：http：//forums.sketchucation.com/viewtopic.php?f=323&t=13563#p100509

13.14.2　Sphere（球体生成）

SketchUp 本身没有绘制球体的命令，这个插件可以通过对话框生成球体组件，在生成面板中还可以设置球体的经纬精度（见图 13-14-2）。

作者：Doug Herrmann

修改：Arc

版本：1.0

发布时间：2010.6.27

运行位置：Draw -> Sphere

来源：http：//regularpolygon.blogspot.com/

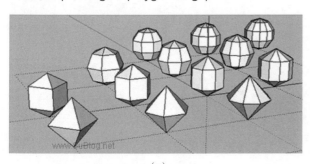

（a）

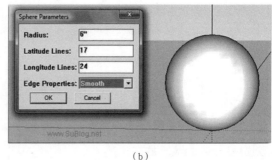

（b）

图 13-14-2　Sphere

（a）效果 1；（b）效果 2

13.14.3　RevCloud（云线）

云线插件目前还没有直接运行的命令菜单，需要打开 Ruby Console 然后输入 "revcloud" 【回车】后即可运行。用法与 cad 里的云线差不多，鼠标点下一直按住拖动就可以画出连续的云线，当结束点与起点较近时会自动闭合。小键盘输入数值可以控制云线的片段大小（见图 13-14-3）。

作者：TIG

版本：1.0

发布时间：2011.06.22

来源：http://forums.sketchucation.com/viewtopic.php?t=38177&p=337244#p337237

图 13-14-3　RevCloud

13.14.4　Pen Tool+1.4（钢笔工具）

钢笔工具可以直接绘制四种不同属性（光滑、隐藏、参考、连续）的直线（图 13-14-4）。

作者：Rich O'Brien

版本：1.4

发布时间：2011.05.23

来源网站：http://forums.sketchucation.com/viewtopic.php?f=323&t=37359

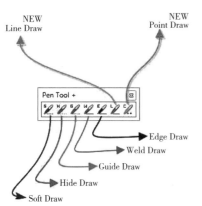

图 13-14-4　Pen Tool+1.4

13.14.5　Plan Tools（总平工具）

这是 thomthom 开发的专门用于整理导入的规划性的 cad 总图，总共有以下主要功能：

自动生成建筑体块。

生成 2：1 的道路轮廓。

压平选择区域：选择集内的线标高会压平到 Z 轴的 0 点。

根据预制区域范围剪切。

移动所有物体到 0 层。

删除隐藏物体。

生成网格并分割（见图 13-14-5）。

作者：thomthom

版本：1.2.2

发布时间：2011.06.17

来　源：http://forums.sketchucation.com/viewtopic.php?f=323&t=30512&hilit=plan+tools#p267856

13.14.6　Instant Road（即时制路）

这是 chuck vali 开发的商业插件，可以通过输入道路中心线或轮廓，自动绘制道路、路肩、人行道、水路等设施，并与地形匹配（见图 13-14-6）。

作者：chuck vali

发布时间：2010.10.26

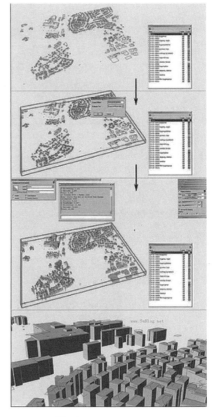

图 13-14-5　Plan Tools

来源：http://www.valiarchitects.com/sketchup_scripts/instant-road

图 13-14-6 Instant Road

13.14.7 Instant Site Grader（即时地基）

这是 chuck vali 开发的商业插件，可以合并建筑周边的地基及封闭边界，其功能类似 SketchUp 自带的【图章】工具，但其支持边界不在同一水平面上（见图 13-14-7）。

作者：chuck vali

发布时间：2010.10.26

来源：http://www.valiarchitects.com/sketchup_scripts/instant-site-grader

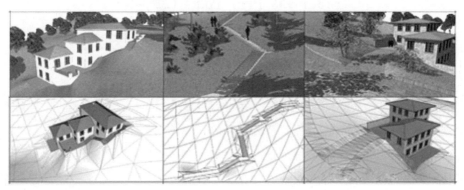

图 13-14-7 Instant site Grader

13.14.8 Component Spray Tool（组件喷射）

强大的种树插件，使用 Component Spray Tool 无论在任何地形上都可以很方便地放置树组件，放置方式非常多，随心所欲（见图 13-14-8）。

图 13-14-8 Component Spray Tool

作者：Didier Bur

版本：1.42

发布时间：2011.02.13

来源：http：//forums.sketchucation.com/viewtopic.php?f=323&t=33908#p298004

13.14.9　SketchUp Ivy（藤蔓生成器）

这个插件的灵感来源于这个独立版本的 An Ivy Generator，现在可以在 su 里生成类似这种藤蔓的效果。

插件运行很简单，激活 plugins 目录下的 SketchUp Ivy，然后在想生成藤蔓的地方单击即可。每单击一次该藤蔓就会生长一次，按下【Alt+ 鼠标左键】可以设定生长的方向，按下【Ctrl+ 鼠标左键】可以增加树叶，按住【Shift+ 鼠标左键】则停止生长并生成实体模型（见图 13-14-9）。

作者：Pierreden

版本：0.6.3

发布时间：2011.5.13

来 源：http：//forums.sketchucation.com/viewtopic.php?t=36882&p=324669#p324669

图 13-14-9　SketchUp Ivy

第 14 章　AutoCAD 导入 SketchUp 并建立模型

14.1　导入前准备：整理 AutoCAD 文件

　　导入 SketchUp 前，需要对 AutoCAD 文件做一些整理。如尽量删除与建模无关的内容如文字、标注、填充图案，图块等。删除完后需要将 AutoCAD 文件清理，否则导入后会将隐藏的图块一起导入到 SketchUp 中，极大地拖慢了 SketchUp 的速度。经过整理的 AutoCAD 文件前后（见图 14-1-1、图 14-1-2）。

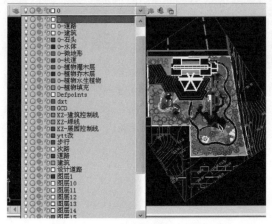

图 14-1-1　整理前的 AutoCAD 图纸

图 14-1-2　整理后的 AutoCAD 图纸

　　对 AutoCAD 文件的整理可以遵循以下步骤进行：

　　（1）删除图块、填充图案、标注和文字等无关内容。

　　（2）整理图层：把同一线性的文件整理在同一图层，同时删除多余的没有使用的图层，使得 DWG 文件减小很多。

　　（3）使用【purge】命令，快捷键为【Pu】→【回车】键确认，清理 AutoCAD 文件内部多余的垃圾。经过复杂操作的 AutoCAD 文件，里面存有很多多余的物体，比如，图层、线形、标注样式、块等，占用大量的文件空间，使得 DWG 文件变大，需要进行清理。反复使用 purge 命令直到没有再可以清理为止。

　　（4）调整大小：导入 SketchUp 文件之前，在 AutoCAD 中更改比例为 1：1，因为在 SketchUp 中是按照实际比例进行精确绘制的。

14.2　导入 AutoCAD 文件作为底图

　　（1）打开 SketchUp 软件，选择模版为【建筑设计】→【毫米】。

　　（2）点击【文件】→【导入】，若导入的是 ".jpg" 文件，选择【用作图像】（见图 14-2-1）；若导入的是 ".dwg" ".dxf" 文件用作底图，则需同时在导入【选项】对话框中勾选【合并共同平面】【平面方向一致】，比例【单位】选择【毫米】（见图 14-2-2）。

　　（3）导入 AutoCAD 文件后，出现【导入结果】对话框时，表明已经计算出导入物体，单击【关闭】，完成导入（见图 14-2-3）。

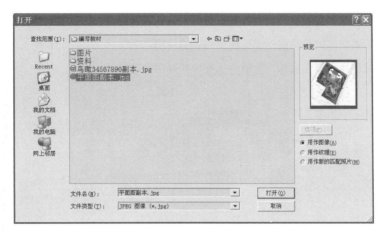

图 14-2-1　导入【.jpg】文件图纸选择【用作图像】

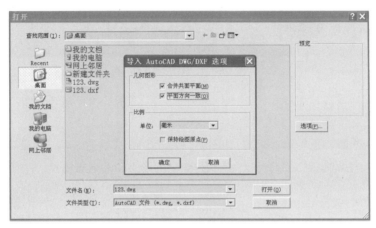

图 14-2-2　导入【.dwg】文件需统一单位

（4）全选平面底图，【Ctrl+A】（去除场景中的参照人），点选菜单：【编辑】→【创建群组】，将导入的图像编辑成组，用作之后的参照底图（见图 14-2-4）。

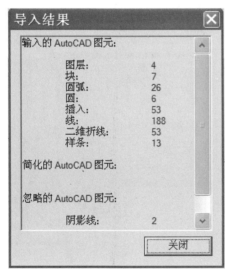

图 14-2-3　导入结果对话框

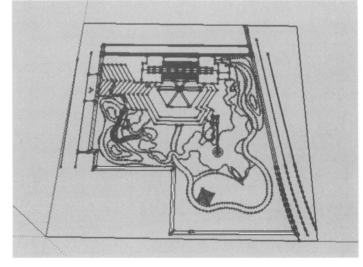

图 14-2-4　编辑成组的参照底图

14.3　勾画轮廓，形成模型体块

如图 14-3-1 所示为最终生成图。绘制此模型，把模型分成 3 大部分进行：

（1）地形及场地。主要是完成建筑场地、水体、起伏地形的绘制。

（2）建筑。包含了主体建筑以及门窗楼梯等建筑构件的绘制。

（3）植物配景。主要是运用组件插入，完成亭子和植物等组件的配置。

图 14-3-1　最终效果成图

14.3.1　勾画地形轮廓

形成地块轮廓的方法最常用的是勾画法：即不使用 AutoCAD 文件的线条，而是进入 SketchUp 后，使用 SketchUp 的【画线】工具形成封面，这样的做法可以避免使用 AutoCAD 线条出错，是通常使用的一种经验方法。

1. 直线型轮廓

勾画地块边界操作如下。

1）使用【线条】工具（ ✎ ；【绘图】→【线条】；【L】键），勾画出用地界面，当首尾相接时，形成封面（见图 14-3-2）。

2）点选菜单：【编辑】→【创建群组】，将所勾画地块边界形成的面编辑成组。

3）点选菜单：【窗口】→【图层】，将地块边界分类到相应图层上（见图 14-3-3）。

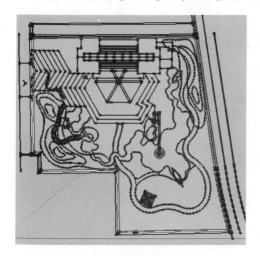

图 14-3-2　线条首尾相接封面

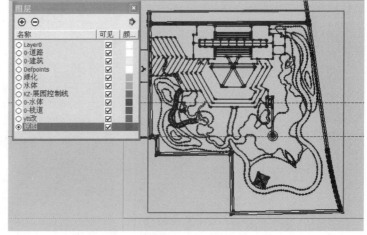

图 14-3-3　创建组，图形归类到相应图层上

2. 不规则曲线型轮廓

（1）水体。

1）从 AutoCAD 中导入图后，圆弧线条在 SketchUp 中会变成多段线，常常会造成面的不闭合，也就无法封面了。检查水体边界是否封闭，同时还要检查曲面上有没有多余的线头（见图 14-3-4、图 14-3-5）。此过程通常

较繁琐且容易出错，可安装具有查找线头功能的插件工具，可大大提高作图速度。

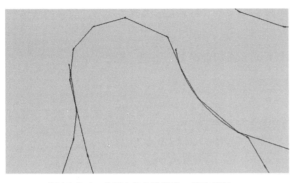

图 14-3-4　曲面上多余的线头，无法封面

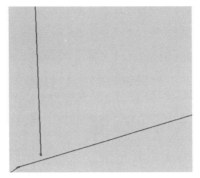

图 14-3-5　面不闭合，无法封面

2）整理完自由曲面水体边界后，使用【线条】工具（✐;【绘图】→【线条】;【L】键）补画水体一小段线条，分步进行封面，可完成封面操作（见图 14-3-6、图 14-3-7）。

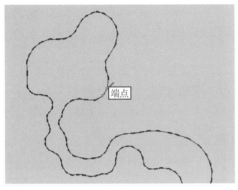

图 14-3-6　使用【线条】工具封面

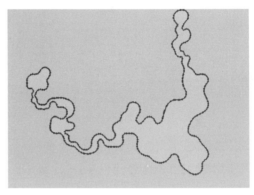

图 14-3-7　封面后的水体面

3）使用【推/拉】工具（▲;【工具】→【推/拉】;【U】键），在【数值控制区】内输入 -100，呈现水的厚度。

4）使用【颜料桶】工具（◈;【工具】→【颜料桶】;【X】键），赋予水体材质，为水体建立相应的图层（见图 14-3-8）。

5）三击整个水体面，使用【编辑】→【创建组】使水体成组。创建图层并将水体放置到水体图层上（见图 14-3-9、图 14-3-10）。

6）使用【编辑】→【隐藏】隐藏水体组件，便于之后其他操作。

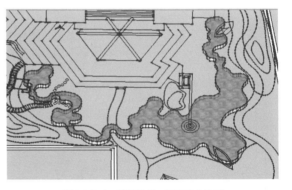

图 14-3-8　赋予材质、厚度的水体面

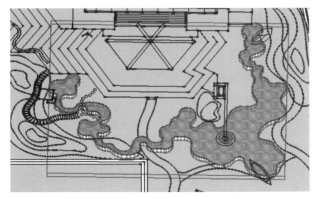

图 14-3-9　创建成组水体

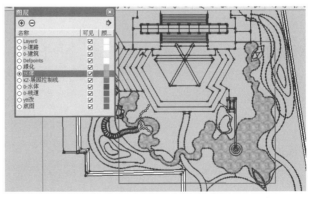

图 14-3-10　水体创建成组

（2）道路。

1）使用【徒手画】工具（ 🖉 ;【绘图】→【徒手画】;【Alt+F】键）勾画道路曲线，当首尾相接时封面，可形成道路面（见图 14-3-11）。

2）使用【编辑】→【隐藏】，隐藏底图，单独对封闭成面的道路进行编辑（见图 14-3-12）。

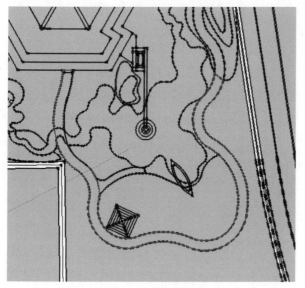

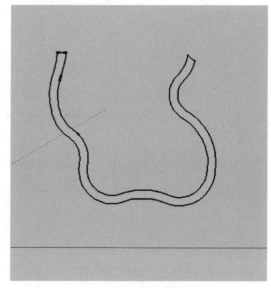

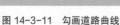

图 14-3-11　勾画道路曲线　　　　　　　　　　　图 14-3-12　勾画完成封闭成面

3）使用【推/拉】工具（ 🔲 ;【工具】→【推/拉】;【U】键），推拉 100 道路厚度（见图 14-3-13）。

4）使用【颜料桶】工具（ 🖌 ;【工具】→【颜料桶】;【X】键），赋予道路材质，为道路建立相应的图层。

5）使用【编辑】→【创建组】把道路编辑成组（见图 14-3-14）。

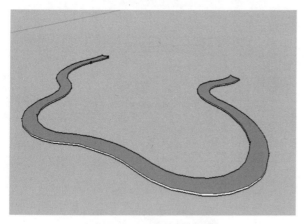

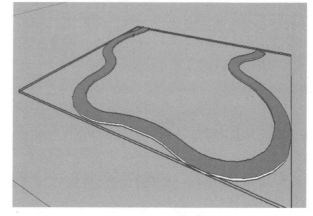

图 14-3-13　推拉出道路厚度　　　　　　　　　　　图 14-3-14　编辑成组

（3）草坪。

1）如前绘制水面和道路的方法一致，使用【徒手画】工具（ 🖉 ;【绘图】→【徒手画】;【Alt+F】键）勾画草坪所在区域完成封面；使用【推/拉】命令，在【数值控制区】内修改推拉高度为 500，作为草坪高度，并编辑成组（见图 14-3-15）。

2）使用【颜料桶】工具（ 🖌 ;【工具】→【颜料桶】;【X】键），赋予草坪材质（见图 14-3-16）。

3）建立【草坪】图层把编辑成组的模型放置到此图层，并选择为当前图层（见图 14-3-17）。

4）使用创建第一块草坪的方法，创建第二块草坪（见图 14-3-18）。

5）使用同上方法依次建立其他草坪（见图 14-3-19）。

6）整理草坪的高度并赋予相同材质（见图 14-3-20）。

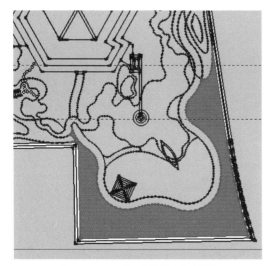

图 14-3-15　封面并推拉出草地厚度

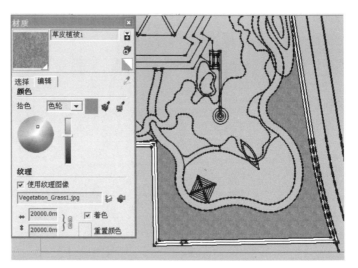

图 14-3-16　使用【颜料桶】赋予材质

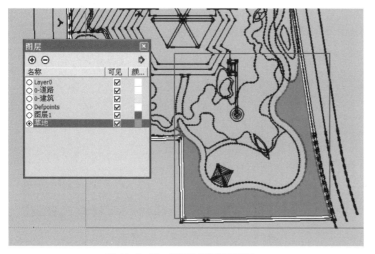

图 14-3-17　成组并归类相应图层

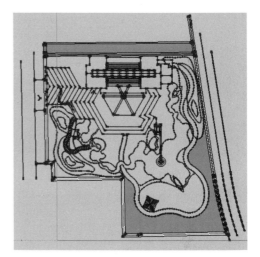

图 14-3-18　创建第二块草坪

图 14-3-19　创建其他组块草坪

图 14-3-20　为草坪生成高度并赋予材质

7）场地中的所有草坪整理完毕，并组成一个组（见图 14-3-21）。

3. 微地形

（1）在底图上选择出微地形的等高线，编辑为组（见图 14-3-22）。

（2）隐藏参照底图（见图 14-3-23），双击等高线打开组，并检查每条等高曲线是否闭合。垂直方向移动等高线到相应位置，等高线间距为 0.5m（见图 14-3-24）。

（3）全选等高线，呈高亮显示，使用【绘图】→【沙盒】→【根据等高线创建】，即可生成地形（见图 14-3-25、图 14-3-26）。

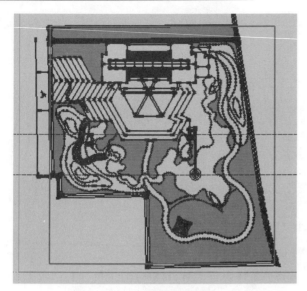

图14-3-21　草坪模型创建为组

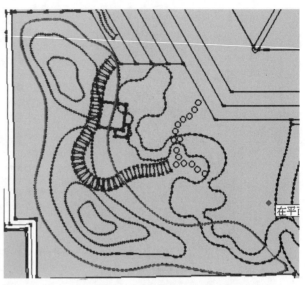

图14-3-22　勾画或选择微地形的等高线

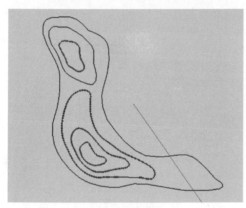

图14-3-23　单独成组

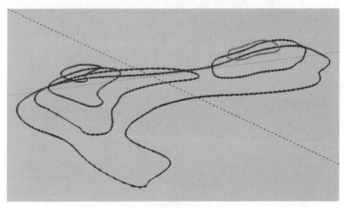

图14-3-24　对各条等高线进行移动

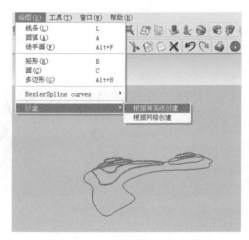

图14-3-25　使用【沙盒】命令

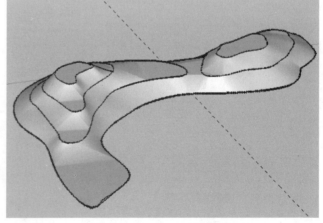

图14-3-26　等高线生成地形

（4）使用相同方法，绘制场地中的其他微地形（见图14-3-27）。

（5）打开隐藏图层，观看微地形在整个场景中的位置及形态（见图14-3-28）。

14.3.2　主体建筑

1.六棱锥入口厅

（1）导入建筑平面图（比例1：1）作为底图参照，在六棱锥的中心点，绘制六棱锥体高8600mm。同时画出侧棱边，连接侧棱柱的三个面形成封面（见图 14-3-29 ）。

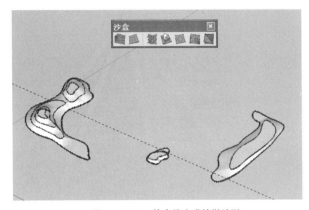
图 14-3-27　等高线生成的微地形

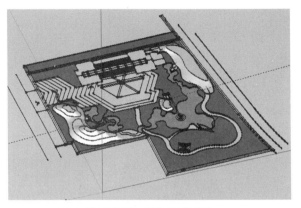
图 14-3-28　场景中的微地形

（2）绘制一个与侧棱边垂直的面（见图 14-3-30 ），再面上绘制出一个直径为 500mm 的圆形底面（见图 14-3-31 ）。

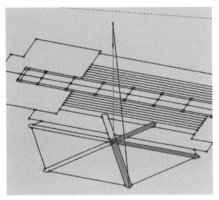
图 14-3-29　导入建筑底图绘制参照线

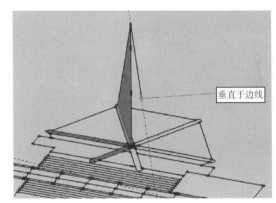
图 14-3-30　垂直面

（3）使用【跟随路径】工具（　；【工具】→【跟随路径】；【D】键）命令，绘制圆柱体（见图 14-3-32 ）。选择圆形底面和侧棱柱做跟随路径，绘制出侧棱柱。删除辅助线和辅助面，并编辑成组。

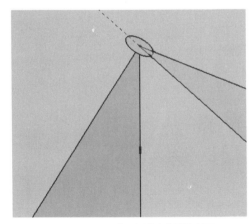
图 14-3-31　垂直于侧棱边的圆柱底面

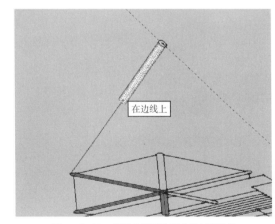
图 14-3-32　使用【跟随路径】绘制侧棱柱

（4）隐藏其他不相关的组件或底图。使用【旋转】工具（　；【工具】→【旋转】；【R】键），同时按住【ctrl】键，复制出其余侧棱柱（见图 14-3-33 ）。

（5）复制出其余的棱柱，编辑成组（见图 14-3-34 ），随后隐藏。

（6）绘制侧棱面之前，先通过中心点绘制辅助面（见图 14-3-35 ）。

（7）连接侧棱面，分割出玻璃幕墙的比例（见图 14-3-36 ）。

（8）删除多余的面，并使用【颜料桶】工具（　；【工具】→【颜料桶】；【X】键），赋予相应的玻璃和墙面材质。同时打开隐藏的棱柱组件（见图14-3-37）。

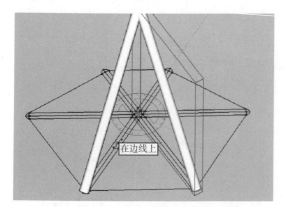

图 14-3-33　使用【Ctrl+ 旋转工具】复制侧棱柱

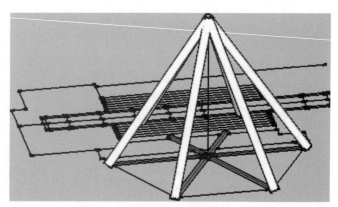

图 14-3-34　复制侧棱柱

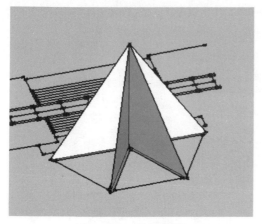

图 14-3-35　绘制辅助面

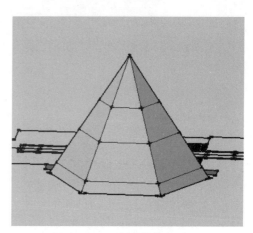

图 14-3-36　绘制玻璃面的分割面

（9）把绘制好的六棱锥入口厅编辑成组。

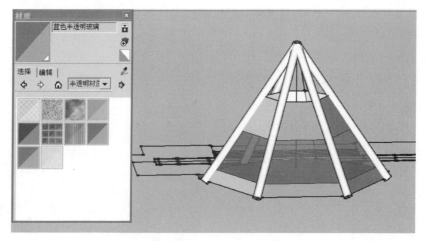

图 14-3-37　完成六棱锥入口厅

2. 主体建筑屋顶

（1）屋架。

1）建立屋顶侧面，使用【卷尺】工具（🔧；【工具】→【卷尺】；【Q】键），做出屋顶斜坡的参照角度30°（见图14-3-38 和图 14-3-39）。

2）使用【线条】工具，绘制出屋面所在的屋脊线（见图 14-3-40）。

3）绘制出屋面的轮廓，并封闭成面，右击，选择【反转平面】（见图14-3-41）。

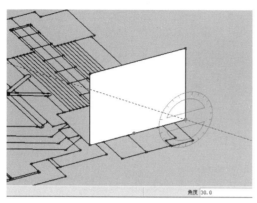

图 14-3-38　绘制辅助面

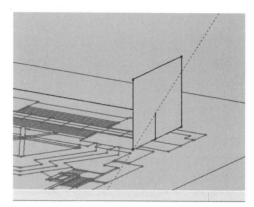

图 14-3-39　绘制辅助角度

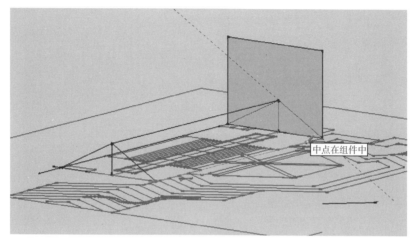

图 14-3-40　绘制出屋面所在的屋脊线

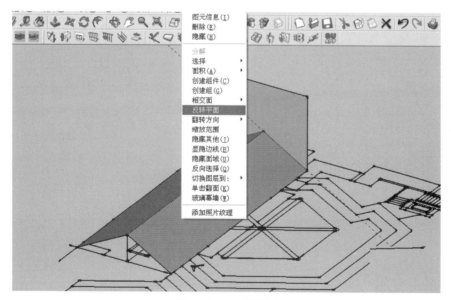

图 14-3-41　形成屋面

4）绘制屋顶细节：选择【顶视图】，样式为【X射线】（见图 14-3-42），有助于参照平面图进行。

5）对屋顶四处凹进的地方进行修改（见图 14-3-43）。

6）需要投影平面在斜屋顶上的对应点，用相同方法找到平面投影在斜屋顶上的整个面（见图 14-3-44）。

7）删除多余的辅助面（见图 14-3-45）。

8）做辅助线后，绘制屋面在斜坡屋顶的各个点，连接成面（见图 14-3-46）。

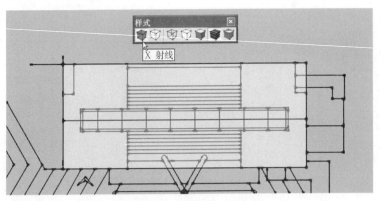

图 14-3-42　【X 射线】显示模式

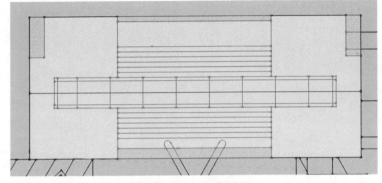

图 14-3-43　处理屋顶细部

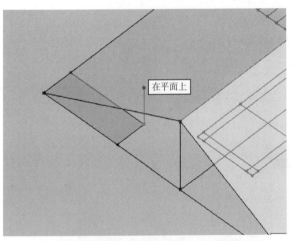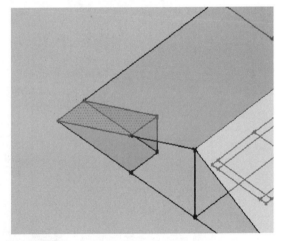

图 14-3-44　勾勒出斜屋顶的斜面

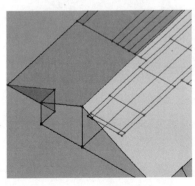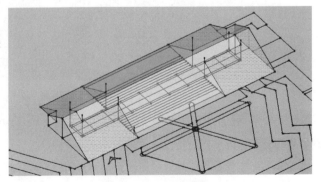

图 14-3-45　斜屋顶的凹角处理　　　　　图 14-3-46　屋面造型

9）成面后反转平面，并创建成组（见图 14-3-47）。

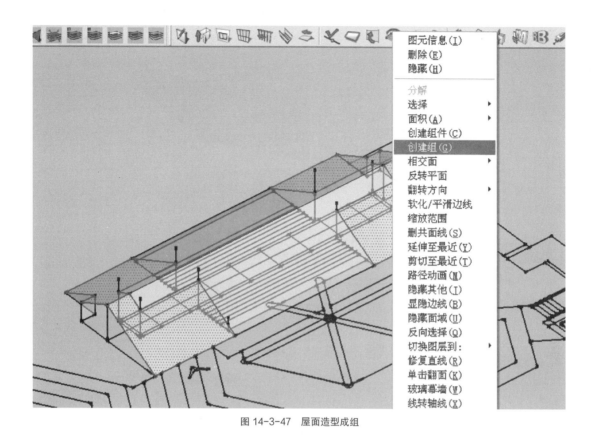

图 14-3-47　屋面造型成组

10）使用【推 / 拉】工具（　；【工具】→【推 / 拉】；【U】键）推拉出屋面的厚度 100mm（见图 14-3-48）。

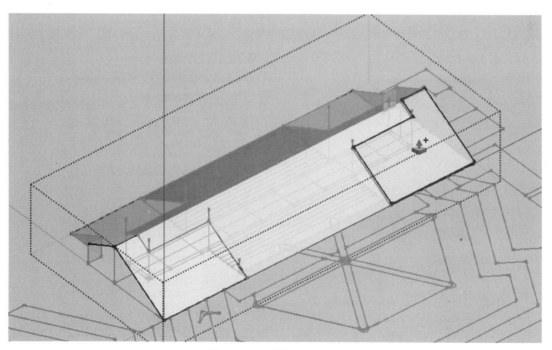

图 14-3-48　推拉出屋面厚度

11）处理屋顶没有闭合的小细节（见图 14-3-49）。

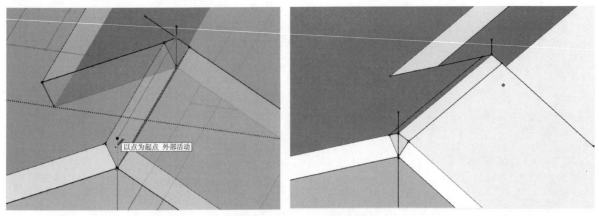

图 14-3-49　处理屋顶细节

12）把绘制好的屋顶编辑成组或组件（见图 14-3-50）。

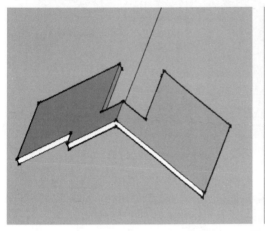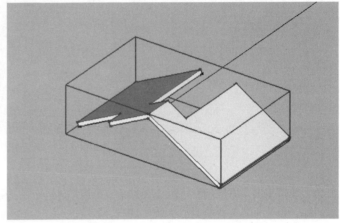

图 14-3-50　屋顶成组

13）镜像屋顶：在编辑成组的屋顶上右击，弹出快捷菜单，选择【翻转方向】，分别有【组为红色】【组为绿色】【组为蓝色】选项（见图 14-3-51）。分别表示沿红色、绿色、蓝色轴镜像。

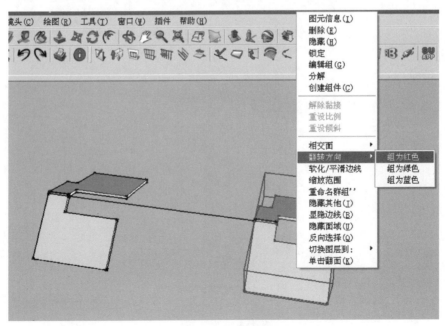

图 14-3-51　镜像屋顶

14）完成屋顶绘制并编辑成组（见图 14-3-52）。

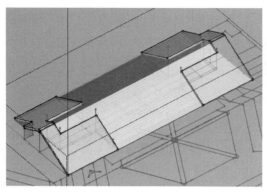
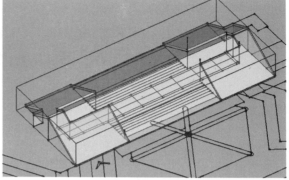

图 14-3-52　完成屋顶绘制并成组

15）隐藏屋顶，删除之前做的辅助线（见图 14-3-53）。

（2）玻璃屋面。

1）选择玻璃屋面，创建成组（见图 14-3-54）。之后在组中对其进行编辑。

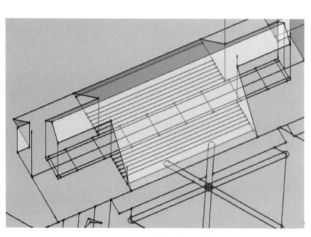

图 14-3-53　整理辅助线条

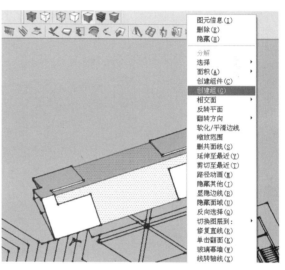

图 14-3-54　选择玻璃屋面创建组

2）双击选择【玻璃屋面】，进入组中，选择【颜料桶】工具（⑥;【工具】→【颜料桶】;【X】键），选择【半透明材质】中【玻璃材质】，赋予材质（见图 14-3-55）。

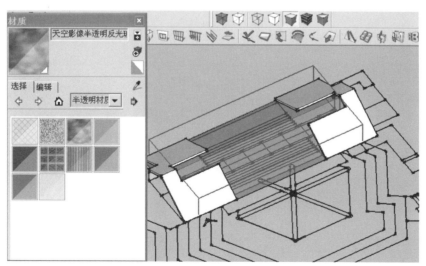

图 14-3-55　选择玻璃屋面赋予材质

3）把绘制好的玻璃屋面编辑成组，并放置到相应的图层（见图 14-3-56）。

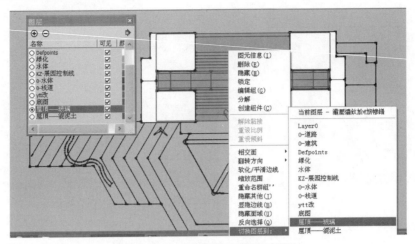

图 14-3-56　把玻璃屋面归类到相应图层

（3）绘制木格檩条。

1）使用【卷尺】工具（🔧;【工具】→【卷尺】;【Q】键）绘制辅助线的功能，依照平面图，画出檩条的位置（见图 14-3-57）。

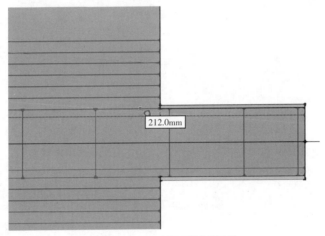

图 14-3-57　绘制屋面檩条辅助线

2）使用【线条】工具（✏;【绘图】→【线条】;【L】键），绘制出檩条位置封面，并编辑成组（见图 14-3-58）。

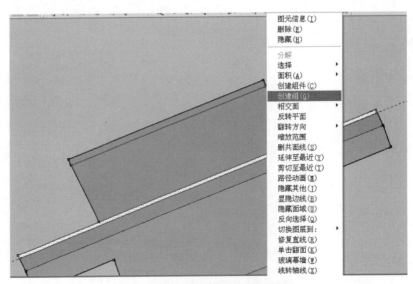

图 14-3-58　绘制屋面檩条并编辑成组

3）双击进入组中，使用【推/拉】工具（ ；【工具】→【推/拉】；【U】键）推拉出檩条高度 150（见图 14-3-59）。

4）使用【颜料桶】工具（ ；【工具】→【颜料桶】；【X】键），选择【木质纹】材质，赋予屋面檩条材质（见图 14-3-60）。

5）拷贝另一端的屋面檩条，注意镜像或旋转对应相应的屋面角度（见图 14-3-61）。

6）绘制完成平面位置的屋面檩条（见图 14-3-62）。

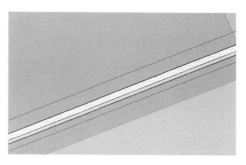

图 14-3-59　推拉出屋面檩条高度

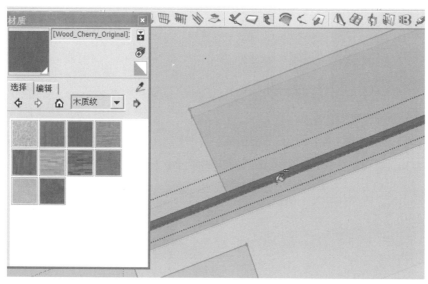

图 14-3-60　赋予屋面檩条材质

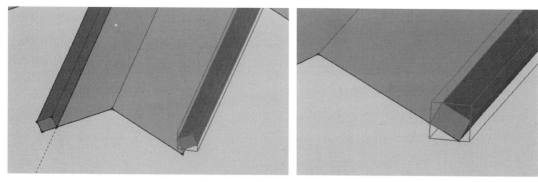

图 14-3-61　拷贝另一侧屋面檩条

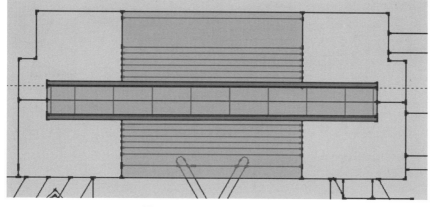

图 14-3-62　平面位置的屋面檩条

第14章　AutoCAD导入SketchUp并建立模型

7）绘制纵向屋面檩条：使用【卷尺】工具（　；【工具】→【卷尺】；【Q】键）绘制辅助线，勾画出屋面檩条位置，并创建组（见图 14-3-63）。

8）双击进入组中，推拉出檩条厚度 150（见图 14-3-64）。

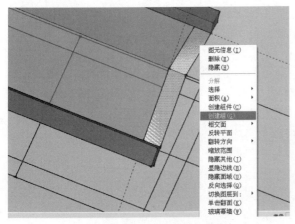

图 14-3-63　绘制纵向屋面檩条

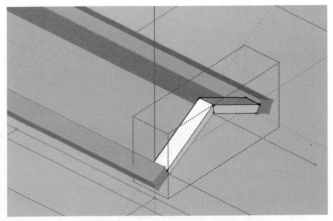

图 14-3-64　推拉出纵向屋面檩条厚度

9）使用【颜料桶】工具（　；【工具】→【颜料桶】；【X】键）赋予檩条【木质纹】材质（见图 14-3-65）。

10）拷贝其他纵向位置檩条。最后把横向、纵向檩条编辑成组（见图 14-3-66）。

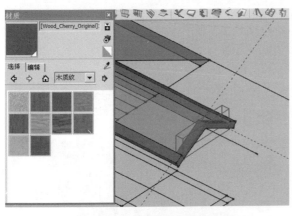

图 14-3-65　赋予纵向屋面檩条材质

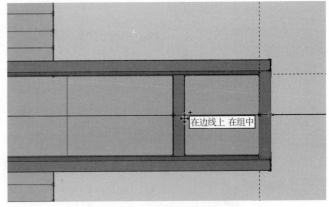

图 14-3-66　赋予纵向屋面檩条材质

11）绘制完屋面玻璃和檩条后的整体屋面（见图 14-3-67）。

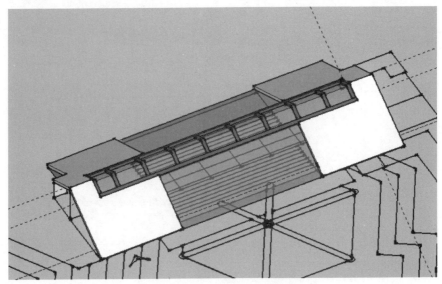

图 14-3-67　绘制完屋面檩条的整体屋面

（4）瓦屋面。

1）使用辅助线定位瓦屋面位置，并用【线条】工具绘制出瓦屋面面域（见图 14-3-68）。

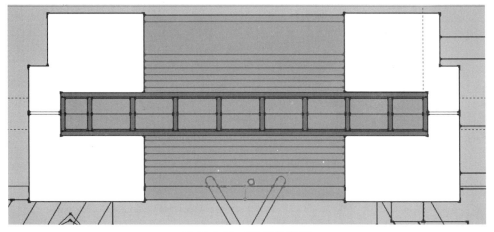

图 14-3-68　绘制斜坡瓦屋面

2）使用【颜料桶】工具（；【工具】→【颜料桶】；【X】键）赋予斜坡瓦屋面材质（见图 14-3-69）。

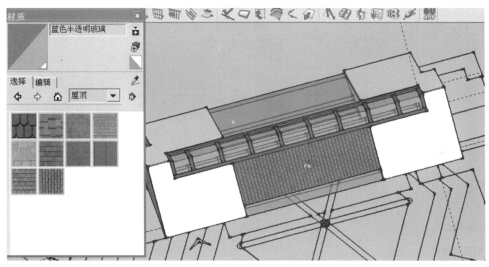

图 14-3-69　赋予斜坡瓦屋面材质

3）编辑成组并归纳到相应图层（见图 14-3-70）。

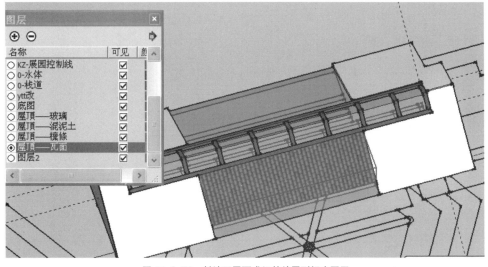

图 14-3-70　斜坡瓦屋面成组并放置到相应图层

4）把屋面的几个部分共同编辑成组（见图14-3-71）。

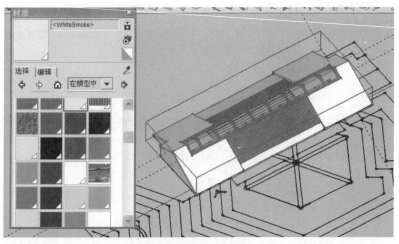

图14-3-71 屋面组

5）垂直方向移动7500mm（见图14-3-72）。

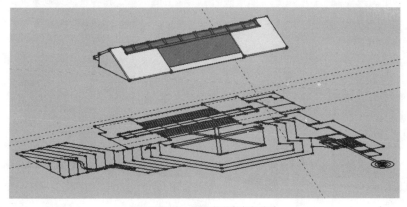

图14-3-72 屋面在垂直方向移动

3. 主体建筑墙体

（1）主体建筑墙体。

绘制完成屋顶部分，进行建筑主墙体的制作。隐藏之前的屋顶，切换到顶视图平面。

1）绘制辅助线定位墙体位置（见图14-3-73）。

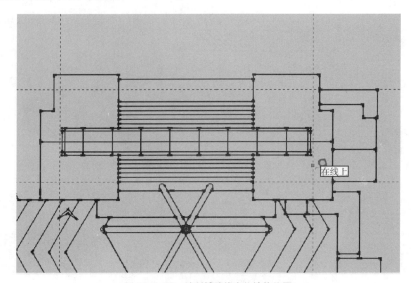

图14-3-73 绘制辅助线定位墙体位置

2）绘制出墙体面（见图 14-3-74）。

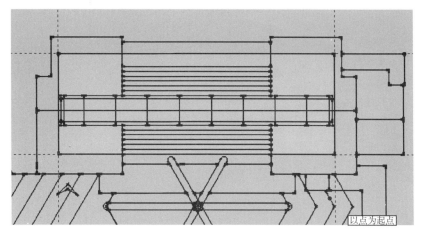

图 14-3-74　绘制辅助线定位墙体位置

3）使用【推 / 拉】推出墙体面高度 7500mm（见图 14-3-75）。

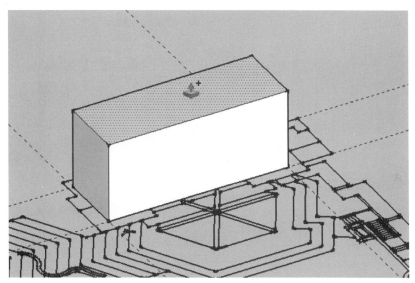

图 14-3-75　绘制辅助线定位墙体位置

4）打开隐藏屋顶，切换到侧视图，在垂直方向对准屋面和墙体（见图 14-3-76）。

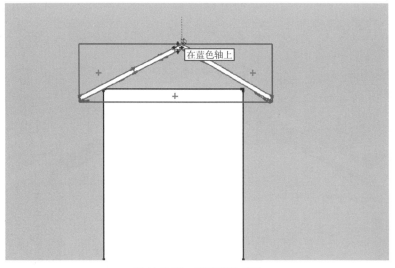

图 14-3-76　对准屋面和墙体

221

5）使用画线成面的方法，补充缺失的建筑山墙部分（见图 14-3-77 ）。

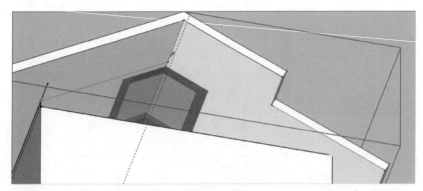

图 14-3-77　绘制建筑山墙部分

6）把绘制的建筑墙体整理后成组（见图 14-3-78 ）。

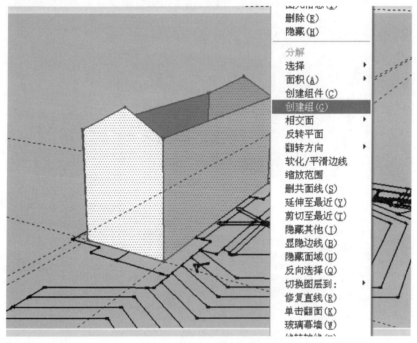

图 14-3-78　绘制建筑山墙部分

7）打开隐藏屋顶，观察补充绘制的山墙与它的关系（见图 14-3-79 ）。

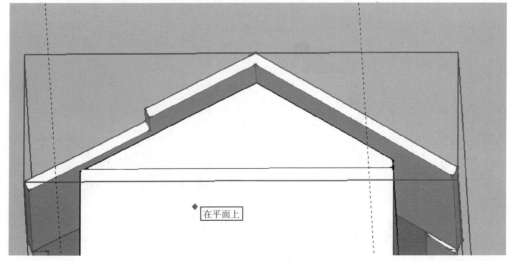

图 14-3-79　山墙与屋顶关系

8）打开隐藏组件，观察整体效果（见图 14-3-80）。

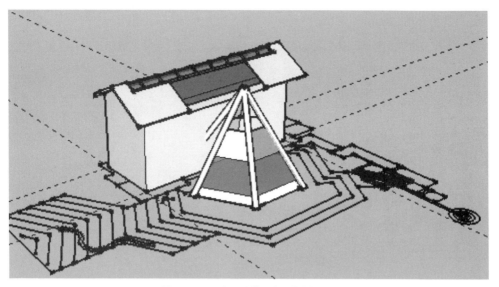

图 14-3-80　打开隐藏组件观察整体效果

（2）主体建筑附属部分。

1）绘制出屋顶的坡度，画线成面（见图 14-3-81）。

2）移动参考平面和屋顶侧面到相应位置（见图 14-3-82）。

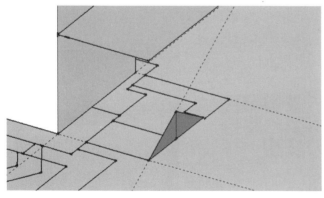

图 14-3-81　绘制出屋顶的坡度

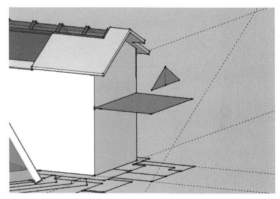

图 14-3-82　移动参考平面和屋顶侧面到相应位置

3）使用【推／拉】工具推出坡屋顶，编辑成组（见图 14-3-83）。

4）绘制出下部建筑墙体，完成侧房体量绘制（见图 14-3-84）。

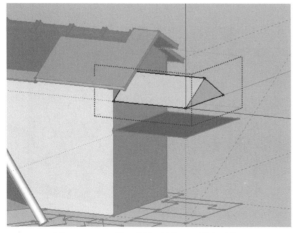

图 14-3-83　使用【推／拉】工具推出坡屋顶

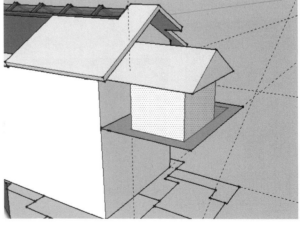

图 14-3-84　绘制出下部建筑墙体

14.3.3　建筑构件

1.窗子

（1）导入1：1导入窗子底图（见图14-3-85），将底图旋转至与建筑主体墙面相互平行位置（见图14-3-86）。

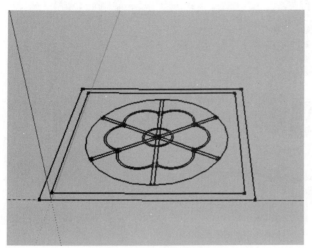

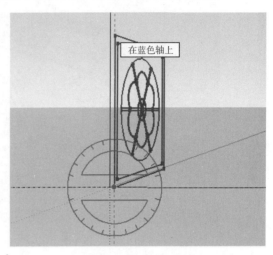

图 14-3-85　导入窗子底图　　　　　　　　　　　图 14-3-86　进行旋转

（2）将底图放置到建筑墙体窗户的位置（见图14-3-87）。

（3）勾画玻璃面位置，赋予【半透明】材质（见图14-3-88）。

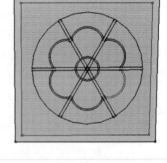

图 14-3-87　放置到立面位置　　　　　　　　　　图 14-3-88　勾出玻璃面的位置

（4）依照底图，勾画窗棂的位置，赋予【木质纹】材质（见图14-3-89）。

（5）推拉出窗棂厚度30mm（见图14-3-90）。

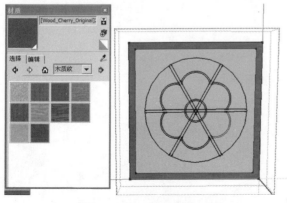

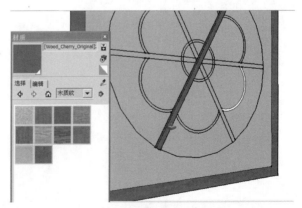

图 14-3-89　窗框位置附上材质　　　　　　　　　图 14-3-90　绘制花样窗棂、推出厚度

（6）相同方法绘制完成其他花样窗棂，与玻璃材质窗面共同编辑成组。完成窗子绘制（见图14-3-91）。

（7）绘制造型简单的窗子：使用【线条】【矩形】等绘图工具在建筑墙面上直接画线成面，即可完成窗子绘制。在墙面上勾画出窗子式样（见图14-3-92）。

图14-3-91　绘制完窗子

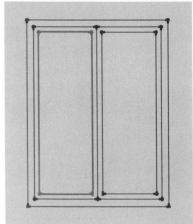

图14-3-92　在墙面上绘制出窗子外型

（8）把窗子的窗框、玻璃分别赋予不同的材质，编辑成组，完成窗子绘制（见图14-3-93）。

2.门

（1）在建筑立面，平面绘制出相应门的位置（见图14-3-94）。

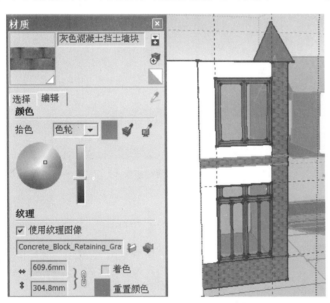

图14-3-93　赋予窗子各个部分材质

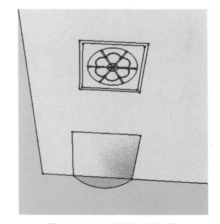

图14-3-94　绘制出门的位置

（2）使用【线条】工具划分出门的比例，并使用【圆弧】工具绘制出门的造型（见图14-3-95）。

（3）使用【推/拉】工具推出门的高度，赋予【半透明材质】（见图14-3-96），编辑成组。

3.楼梯

（1）依照底图，勾画出楼梯各个休息平台，并依据高度，移动到相应的高度（见图14-3-97）。

（2）绘制台阶基本组件，并编辑成组（见图14-3-98）。与之前绘制的面依循高度相互组合，形成楼梯高低的初步模型。

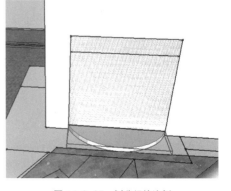

图14-3-95　划分门的比例

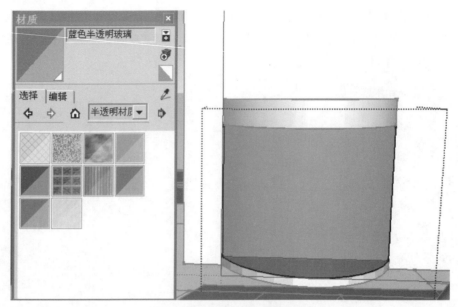

图 14-3-96　赋予材质、编辑成组

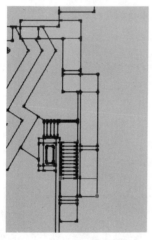

图 14-3-97　勾画楼梯平台封面

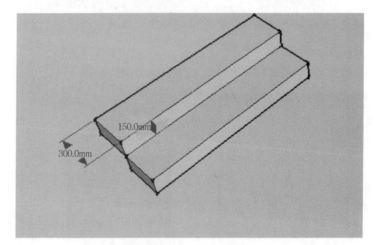

图 14-3-98　绘制台阶基本组件

（3）依照平面图，绘制出楼梯底部的柱子，编辑成组（见图 14-3-99）。

（4）各个部分组成模型，编辑成组，并赋予楼梯各部分表面材质（见图 14-3-100）。

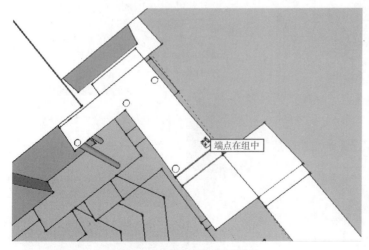

图 14-3-99　绘制楼梯底部柱子

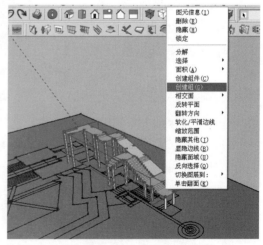

图 14-3-100　楼梯编辑成组

（5）使用画线成面，推拉成体的方式绘制楼梯栏杆（见图 14-3-101），或者使用楼梯插件绘制楼梯栏杆。

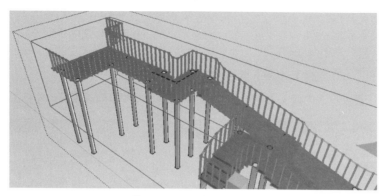

图 14-3-101　绘制楼梯栏杆

（6）观察楼梯位于整个模型中效果（见图 14-3-102）。

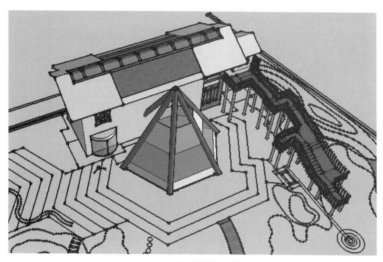

图 14-3-102　观察楼梯位于整个模型中

14.3.4　园林小品

（1）灯台跌水：使用之前绘制模型的方法，制作灯台跌水小品，赋予材质，编辑成组（见图 14-3-103）。

（2）汀步：同样方法绘制汀步等小品，赋予材质，编辑成组（见图 14-3-104）。

（3）打开之前隐藏的组件，观看整个模型的效果（见图 14-3-105）。

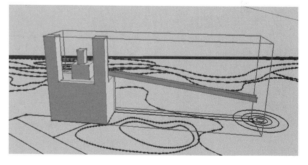

图 14-3-103　灯台跌水

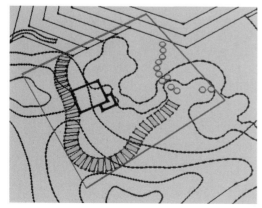

图 14-3-104　绘制汀步

图 14-3-105　观看整个模型的效果

14.3.5 园林配景

1.亭子

（1）点击菜单【窗口】→【组件】，打开【组件】对话框（见图14-3-106）。

（2）在【组件】的【搜索框】内搜索【亭子】，会看到Google 3D模型搜索窗口（见图14-3-107）。

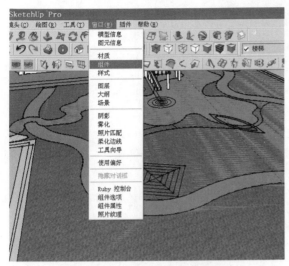

图14-3-106 打开组件对话框

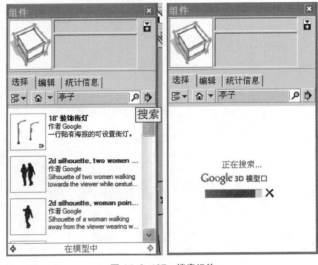

图14-3-107 搜索组件

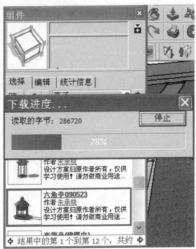

图14-3-108 下载所需组件

（3）当下载完成后，会出现相应的【模型】列表，单击所需模型下载（见图14-3-108）。

（4）将下载后的模型，单击拖拉到场景中相应位置，可调整大小角度等（见图14-3-109）。

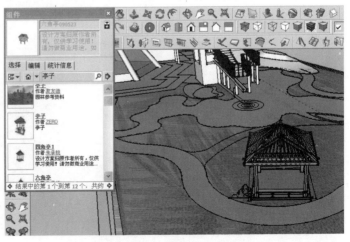

图14-3-109 将组件放置到场景中

2. 植物

（1）打开【组件】对话框，如若系统自带或 Google 3D 模型库里的模型都不能找到合适的植物，可以通过网络下载收集一些常用的植物组件（见图 14-3-110）。

图 14-3-110　植物组件

（2）找到合适的树种，拖拉到场景中，可以看到比例大小并不合适（见图 14-3-111）。

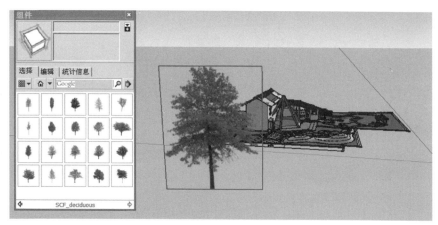

图 14-3-111　选择植物组件

（3）使用缩放工具（ ；【工具】→【调整大小】；【S】键），调整组件树的大小，放置在合适位置（见图 14-3-112、图 14-3-113）。

图 14-3-112　调整植物组件大小

图 14-3-113　放置植物组件到场景中

（4）相同方法，在场景中放置其他植物，完成模型的制作（见图 14-3-114）。

图 14-3-114　完成植物组件配置

附录1　AutoCAD 命令集

一、字母类（或字母和数字组合）

1. 对象特性

命令（缩写）	功 能	命令（缩写）	功 能
ADCENTER（ADC）	设计中心	IMPORT（IMP）	输入文件
PROPERTIES（CH，MO）	修改特性	OPTIONS（OP，PR）	自定义 CAD 设置
MATCHPROP（MA）	属性匹配	PRINT，PLOT	打印
STYLE（ST）	文字样式	PURGE（PU）	清除垃圾
COLOR（COL）	设置颜色	REDRAW（R）	重新生成
LAYER（LA）	图层操作	RENAME（REN）	重命名
LINETYPE（LT）	线形	SNAP（SN）	捕捉栅格
LTSCALE（LTS）	线形比例	DSETTINGS（DS）	设置极轴追踪
LWEIGHT（LW）	线宽	OSNAP（OS）	设置捕捉模式
UNITS（UN）	图形单位	PREVIEW（PRE）	打印预览
ATTDEF（ATT）	属性定义	TOOLBAR（TO）	工具栏
ATTEDIT（ATE）	编辑属性	VIEW（V）	命名视图
BOUNDARY（BO）	边界创建，包括创建闭合多段线和面域	AREA（AA）	面积
ALIGN（AL）	对齐	DIST（DI）	距离
QUIT，EXIT	退出	LIST（LI）	显示图形数据信息
EXPORT（EXP）	输出其他格式文件		

2. 绘图命令

命令（缩写）	功 能	命令（缩写）	功 能
POINT（PO）	点	DONUT（DO）	圆环
LINE（L）	直线	ELLIPSE（EL）	椭圆
XLINE（XL）	射线	REGION（REG）	面域
PLINE（PL）	多义线	MTEXT（MT）	多行文本
MLINE（ML）	多线	TEXT（T）	文本
SPLINE（SPL）	样条曲线	BLOCK（B）	块定义
POLYGON（POL）	正多边形	INSERT（I）	插入块
RECTANGLE（REC）	矩形	WBLOCK（W）	定义块文件
CIRCLE（C）	圆	DIVIDE（DIV）	定数等分
ARC（A）	圆弧	BHATCH（H）	填充

3. 修改命令

命令（缩写）	功 能	命令（缩写）	功 能
COPY（CO）	复制	EXTEND（EX）	延伸
MIRROR（MI）	镜像	STRETCH（S）	拉伸
ARRAY（AR）	阵列	LENGTHEN（LEN）	直线拉长
OFFSET（O）	偏移	SCALE（SC）	比例缩放
ROTATE（RO）	旋转	BREAK（BR）	打断
MOVE（M）	移动	CHAMFER（CHA）	倒直角
ERASE（E），DEL 键	删除	FILLET（F）	倒圆角
EXPLODE（X）	分解	PEDIT（PE）	多段线编辑
TRIM（TR）	修剪	DDEDIT（ED）	修改文本

4. 视窗缩放

命令（缩写）	功 能	命令（缩写）	功 能
PAN（P）	平移	Z+P	返回上一视图
Z + 空格 + 空格	实时缩放	Z+E	显示全图
Z	局部放大		

5. 尺寸标注

命令（缩写）	功 能	命令（缩写）	功 能
DIMLINEAR（DLI）	直线标注	TOLERANCE（TOL）	标注形位公差
DIMALIGNED（DAL）	对齐标注	QLEADER（LE）	快速引出标注
DIMRADIUS（DRA）	半径标注	DIMBASELINE（DBA）	基线标注
DIMDIAMETER（DDI）	直径标注	DIMCONTINUE（DCO）	连续标注
DIMANGULAR（DAN）	角度标注	DIMSTYLE（D）	标注样式
DIMCENTER（DCE）	中心标注	DIMEDIT（DED）	编辑标注
DIMORDINATE（DOR）	点标注	DIMOVERRIDE（DOV）	替换标注系统变量

6. 三维绘图

命 令	功 能	命 令	功 能
3D	建立三维网格面对象	3DORBIT	控制三维空间中的对象观察
3DARRAY	建立三维对象阵列	3DPAN	激活交互式的三维视图并平移视图
3DCLIP	激活交互式的三维视图并打开 Adjust Clipping Planes 窗口	3DPOLY	建立三维多段线对象
3DCORBIT	激活交互式的三维视图并使视图中的对象连续运动	3DSIN	输入 3D Studio 格式的文件
3DDISTANCE	激活交互式的三维视图并将对象拉近或者拉远	3DSOUT	输出 3D Studio 格式的文件
3DFACE	建立三维表面	3DSWIVL	激活交互式的三维视图并模拟相机效果
3DMESH	建立三维网格表面	3DZOOM	激活交互式三维视图并进行缩放

二、常用快捷键

命 令	功 能	命 令	功 能
CTRL+1（PROPERTIES）	修改特性	CTRL+C（COPYCLIP）	复制
CTRL+2（ADCENTER）	设计中心	CTRL+V（PASTECLIP）	粘贴
CTRL+O（OPEN）	打开文件	CTRL+B（SNAP）	栅格捕捉
CTRL+N/M（NEW）	新建文件	CTRL+F（OSNAP）	对象捕捉
CTRL+P（PRINT）	打印文件	CTRL+G（GRID）	栅格
CTRL+S（SAVE）	保存文件	CTRL+L（ORTHO）	正交
CTRL+Z（UNDO）	放弃	CTRL+W	对象追踪
CTRL+X（CUTCLIP）	剪切	CTRL+U	极轴

三、常用功能键

命 令	功 能	命 令	功 能
F1（HELP）	帮助	F7（GRIP）	栅格
F2	文本窗口	F8（ORTHO）	正交
F3（OSNAP）	对象捕捉		

附录 2　SketchUp 快捷键

项　目	名　称	图　标	快　捷　键	菜　单　位　置
基本绘图工具	线条		L	绘图→线条
	圆弧		A	绘图→圆弧
	徒手画		Alt+F	绘图→徒手画
	矩形		B	绘图→矩形
	圆		C	绘图→圆
	多边形		Alt+B	绘图→多边形
修改工具	移动		M	工具→移动
	旋转		R	工具→旋转
	调整大小		S	工具→调整大小
	推 / 拉		U	工具→推 / 拉
	路径跟随		D	工具→路径跟随
	偏移		F	工具→偏移
主要	选择		空格键	工具→选择
	制作组件		O	编辑→创建组件
	颜料桶		X	工具→颜料桶
	擦除		E	工具→擦除
建筑施工	卷尺工具		Q	工具→卷尺
	量角器		Alt+P	工具→量角器
	文本		T	工具→文本
	尺寸		Alt+T	工具→尺寸
组	创建组		G	编辑→创建组
镜头	环绕观察		鼠标中键	镜头→环绕观察
	平移		Shift+ 鼠标中键	镜头→平移
	缩放		Alt+Z	镜头→缩放
	缩放窗口		Z	镜头→缩放窗口
	上一个		F9	镜头→上一个
	缩放范围		Shift+Z	镜头→缩放范围

续表

项　目	名　称	图　标	快　捷　键	菜　单　位　置
漫游	定位镜头		Alt+C	镜头→定位镜头
	漫游		W	镜头→漫游
	正面观察		Alt+L	镜头→正面观察
样式	X射线		T	视图→正面样式→X射线
	线框		Alt+1	视图→正面样式→线框
	隐藏线		Alt+2	视图→正面样式→隐藏线
	阴影		Alt+3	视图→正面样式→阴影
	阴影纹理		Alt+4	视图→正面样式→阴影纹理
	单色		Alt+5	视图→正面样式→单色
视图	等轴		F8	镜头→标准视图→等轴
	俯视图		F2	镜头→标准视图→俯视图
	主视图		F3	镜头→标准视图→主视图
	右视图		F5	镜头→标准视图→右视图
	后视图		F6	镜头→标准视图→后视图
	左视图		F4	镜头→标准视图→左视图
截面	截平面		P	工具→截平面
	显示截平面		;	视图→截面
	显示截面切割		'	视图→截面切割
阴影	设置场景		Alt+L	窗口→场景
	添加场景		Alt+A	视图→动画→添加场景
	删除场景		Alt+D	视图→动画→删除场景
	更新场景		Alt+U	视图→动画→更新场景
	阴影设置		Shift+S	窗口→阴影
	显示/隐藏阴影		Alt+S	视图→阴影
	日期			
	时间			

附录3 学生绘图参考彩图

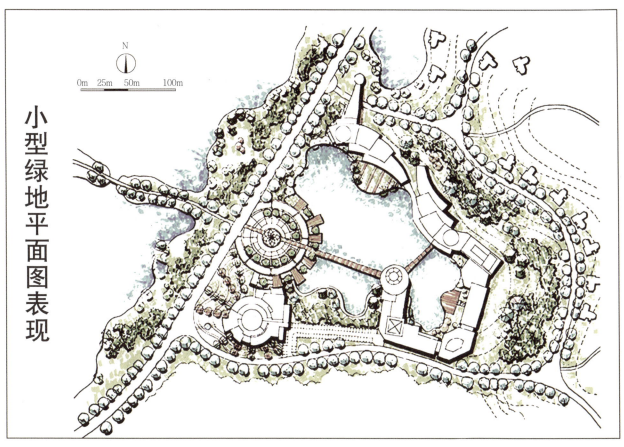

小型绿地平面图表现

彩图1

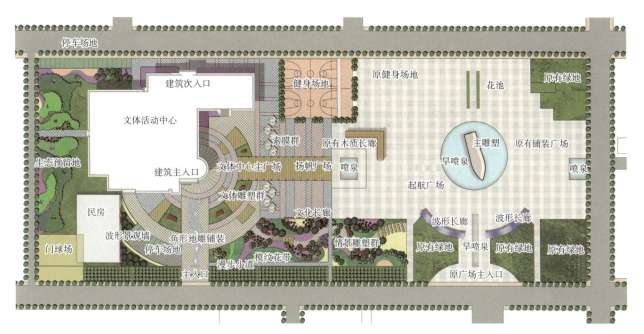

彩图2

总平面图

彩图 3

彩图 4

237

图谱 5

图　例
1.停车场
2.亲水平台
3.小码头
4.游船码头
5.曲桥
6.景观建筑
7.林荫广场
8.垂钓园
9.大草坪
10.荷香栈道
11.阳光沙滩
12.木栈道
13.室外烧烤场地
14.条石广场
15.湿地小岛
16.船帆广场
17.漫步小径
18.湿地植物园
19.望松亭
20.天然氧吧
21.五花山
22.广场入口景观
23.健身场地
24.羽毛球场
25.树阵广场
26.文化景墙
27.儿童活动空间
28.卵石健康步道
29.林下休息空间

丹青路

彩图7

彩图8

彩图 9

彩图 10